GONGYE WUSUN JIANCE JISHU

工业无损检测技术

（渗透检测）

夏纪真　编著

中山大学出版社

·广州·

图书在版编目（CIP）数据

工业无损检测技术：渗透检测/夏纪真编著 . —广州：中山大学出版社，2013.7

ISBN 978 - 7 - 306 - 04600 - 0

Ⅰ. 工…　Ⅱ.①夏…　Ⅲ.①无损检验②渗透检验　Ⅳ. TG115.28

中国版本图书馆 CIP 数据核字（2013）第 133276 号

出　版　人：徐　劲
策划编辑：郭　升
责任编辑：施国胜
封面设计：林绵华
责任校对：施国胜
责任技编：黄少伟
出版发行：中山大学出版社
电　　话：编辑部 020 - 84111996，84113349
　　　　　发行部 020 - 84111998，84111981，84111160
地　　址：广州市新港西路 135 号
邮　　编：510275　传　真：020 - 84036565
网　　址：http：//www.zsup.com.cn　E-mail：zdcbs@ mail.sysu.edu.cn
印　刷　者：广州市怡升印刷有限公司
规　　格：787mm×1092mm　1/16　10.5 印张　200 千字
版次印次：2013 年 7 月第 1 版　　2013 年 7 月第 1 次印刷
印　　数：1 - 2000 册　　定　价：29.80 元

作者简介

夏纪真（Xia Jizhen）

高级工程师，男，汉族，1947 年生于广州市，祖籍江苏高邮。

1991 年获得航空航天工业部有突出贡献的中青年科技专家称号。

1992 年获得国务院授予的有突出贡献专家称号并终身享受国务院政府特殊津贴。

2000 年 4 月创建并主持无损检测技术专业综合资讯网站至今。无损检测资讯网（www. ndtinfo. net）（具有简繁体中文与英文版）。

1960 年毕业于中山大学附属小学，1965 年毕业于广东省广雅中学，1970 年毕业于哈尔滨军事工程学院空军工程系飞机电器专业（哈尔滨军事工程学院最后一期学员）。

从事过多种技术工作（锻造、电器、电子仪表、理化测试、无损检测、计算机等），长期在航空工业系统生产第一线工作和具有在高等院校从事大专、本科无损检测专业教学、科研与科技开发以及在大型国企从事质量管理和计算机技术等工作。

历任航空工业系统某锻造厂无损检测组组长、南昌航空工业学院无损检测专业教研室副主任和昌航高新技术开发总公司副总经理、广州某大型国企集团公司的机械公司质量管理部副部长兼理化计量测试中心主任和集团公司计算机与信息中心主任等职，曾任航空航天工业部无损检测人员资格鉴定考核委员会委员、中国机械工程学会无损检测分会会刊《无损检测》杂志编委，原航空航天工业部无损检测人员超声检测、磁粉检测和渗透检测的高级技术资格、劳动部锅炉压力容器无损检测人员超声检测高级技术资格。自 1982 年起长期兼职从事无损检测人员的技术资格等级培训考核工作 30 多年，1991—1993 年间还担任闽台超声波检测、射线检测研讨班的主讲教师和考核工作。

专长于无损检测技术，在国际和全国性杂志与学术会议发表论文 30 多篇、译文 30 多篇，编写出版专业教材和专著 11 本，从事科研课题数 10项，开发新产品 9 项，曾获国家科技进步 1 等奖，航空工业部与国防工业重大科技成果、科技成果 1、2 等奖。

现任中国机械工程学会无损检测分会教育培训科普工作委员会委员、广东省机械工程学会理事、广东省机械工程学会无损检测分会理事长、辽宁省无损检测学会会刊《无损探伤》杂志特邀编委、香港荣格贸易出版有限公司《工业设备商情》杂志顾问、中国设备管理协会《国联资源 DM》杂志顾问。2009 年 3 月获得中国机械工程学会无损检测分会 30 周年（1978—2008）学会优秀工作者荣誉。

自 1996 年起陆续被收入《中国高级专业技术人才辞典》（中国人事出版社）、《中国专家大辞典》（国家人事部专家服务中心）、《数风流人物——广州市享受政府特殊津贴专家集》（广州市人事局）、《世界优秀专家人才名典》（香港中国国际交流出版社）、《中国设备工程专家库》（中国设备管理协会）、《广州市科技专家库》（广州市科技局）等。

前　言

　　传统的工业五大常规无损检测技术主要指超声检测（UT）、射线照相检测（RT）、渗透检测（PT）、磁粉检测（MT）和涡流检测（ET），俗称"五大常规"检测，本书是关于渗透无损检测技术的专述。

　　本书定稿之时恰逢作者从事无损检测技术工作达 39 周年。

　　本书是作者集多年从事生产第一线渗透无损检测技术工作的实践经验，从事科研与技术咨询服务，开展渗透无损检测人员技术资格等级培训的讲稿等为基础，以及出于对渗透无损检测技术的兴趣而进行的研究和资料搜集积累，作了尽可能全面的综合与系统化整理而成，希望能为我国广大无损检测技术人员提供有益的参考，希望对长江后浪推前浪，一代又一代新人辈出贡献自己一份微薄之力以及表达自己对无损检测技术热爱之情。

　　本书侧重于实际应用，有关渗透无损检测的物理化学基础理论方面仅作了必要与简练的阐述。另外，本书专设"附件"彩图，即图 48 至图 92 为彩色印刷，旨在提高视觉效果。

　　本书适合作为大学本科无损检测专业教材，并可作为大专层次的无损检测专业参考教材和各行业领域中无损检测技术人员的工作参考书，对报考初、中、高级渗透无损检测技术资格等级的人员也有重要的参考价值。

　　本书对以无损检测为研究方向的硕士、博士有开拓思路的参考作用，对从事非无损检测专业工作的工程技术人员也有重要的参考价值。

夏纪真

2013 年 2 月于广州

附　件

图 48　铝合金锻件上的裂纹（着色渗透检测）

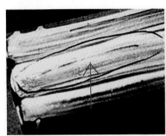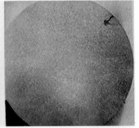

图 49　钛合金 Φ70mm 轧棒上的锻造裂纹

左为棒材表面着色渗透显示迹痕（黑白照片），右为解剖横截面

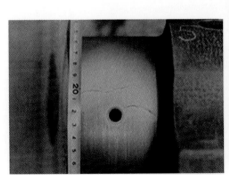

图 50　在役钢曲轴轴颈疲劳裂纹　　　图 51　叶片进气边蚀损裂纹
（着色渗透检测）[5]*　　　　　　　（荧光渗透检测）

＊源自陈梦征、归锦华：《着色渗透探伤缺陷图谱》（下同）。

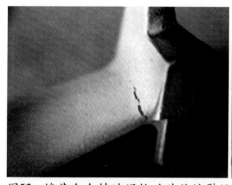

图52　镍基合金铸造涡轮叶片收缩裂纹
（着色渗透检测）[5]

图53　铸钢件上的缩孔
（着色渗透检测）

图54　45#钢轧辊端面磨削裂纹（着色渗透检测）[5]

图 55　锻制 45#钢螺栓上的纵向裂纹（着色渗透检测）[5]

图 56　铸钢扇形齿轮收缩裂纹（着色渗透检测）[5]

3

图 57　铝合金机加工双头螺栓纵向裂纹（着色渗透检测）[5]

图 58　波音 737 飞机隔框裂纹（着色渗透检测）
（照片源自广州飞机维修工程有限公司聂有传）

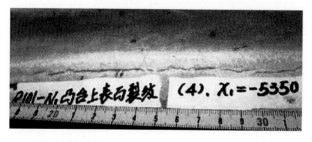

图 59　铸钢件上的裂纹（着色渗透检测）[5]

图 60　锻造黄铜气阀门裂纹（着色渗透检测）[5]

图 61　钢气门裂纹（着色渗透检测）

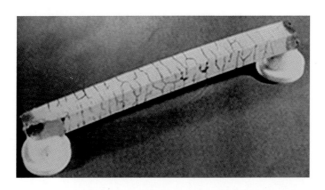

图62 铸造钨棒沿晶裂纹（着色渗透检测）[5]

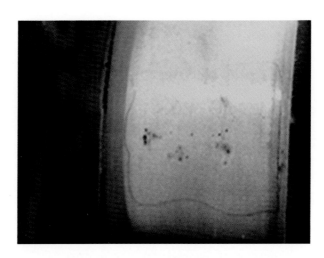

图63 稀土镁球墨铸铁曲轴上的疏松（着色渗透检测）[5]

图64 手工电弧焊焊缝上的气孔（着色渗透检测）

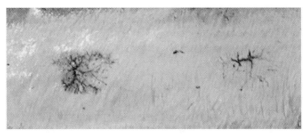

图65　手工电弧焊焊缝上的弧坑裂纹（余高磨平）
（着色渗透检测）

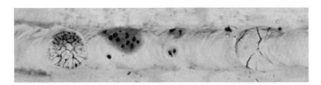

图66　手工电弧焊焊缝上的弧坑裂纹和气孔
（着色渗透检测）

图67　手工电弧焊钢构件 T 焊缝上的八字裂纹
（着色渗透检测）

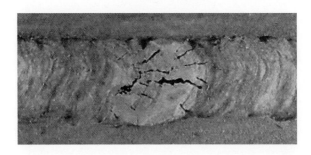

图68　手工电弧焊钢构件角焊缝上的弧坑裂纹
（着色渗透检测）

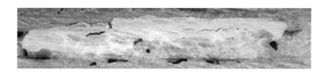

图69　手工电弧焊钢构件T焊缝上的未熔合与裂纹

（表面打磨，着色渗透检测）

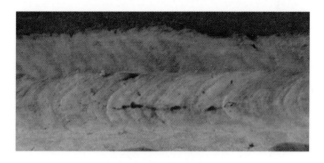

图70　手工电弧焊钢构件角焊缝上的裂纹

（着色渗透检测）

图71　锻钢车制螺栓端头纵向裂纹

（荧光渗透检测）

图72　锻造车制铝合金销纵向裂纹

（荧光渗透检测）

图73 锻造车制铝合金销纵向裂纹
（着色渗透检测）

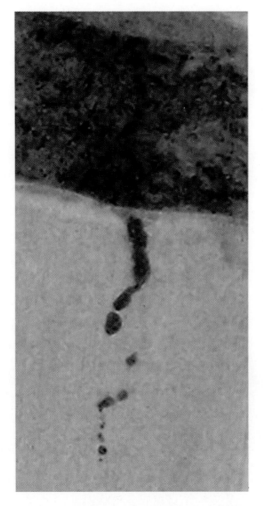

图74 不锈钢铸坯表面缩裂（解剖图）
（着色渗透检测）

图 75　钢板车制法兰中的分层
（着色渗透检测）

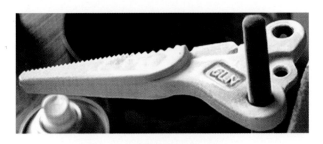

图 76　模锻钢齿杆切边裂纹
（着色渗透检测）

图 77　模锻钢齿杆切边裂纹
（荧光渗透检测）

图 78　铝合金压铸件表面皱缩
（荧光渗透检测）

图 79　锻钢车制轴销底盘周面纵向裂纹
（荧光渗透检测）

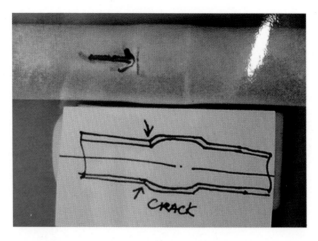

图80 管对接焊缝裂纹（着色渗透检测）
（照片源自香港安捷材料试验有限公司黄建明）

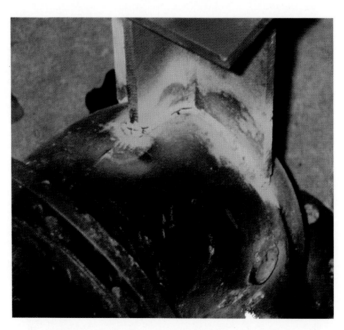

图81 铸铁管与低碳钢构件焊接裂纹（着色渗透检测）
（照片源自香港安捷材料试验有限公司黄建明）

图82 球墨铸铁件疏松（表面打磨，着色渗透检测）

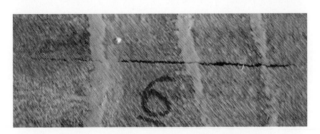

图83 大型不锈钢铸造板坯裂纹
（表面打磨，着色渗透检测）

图84 管道角焊缝裂纹
（照片源自香港安捷材料试验有限公司黄建明）

图 85　蜗杆齿根疲劳裂纹

（照片源自香港安捷材料试验有限公司黄建明）

图 88　某品牌着色渗透剂在常温 24 小时腐蚀试验时，

在 MB15 镁合金模锻件上造成的深红色密集腐蚀斑点

图89　某品牌着色渗透剂在常温24小时腐蚀试验时，在MB15镁合金棒
　　　材端面上造成的大块红褐色腐蚀斑块（另半圆未涂敷渗透剂）

图90　某品牌着色渗透剂在常温24小时腐蚀试验时，在MB15镁合金
　　　棒材端面（左）、MB15镁合金模锻件（中）和LD5铝合金模锻
　　　件（右）上造成的染色（无法用清洗剂去除）

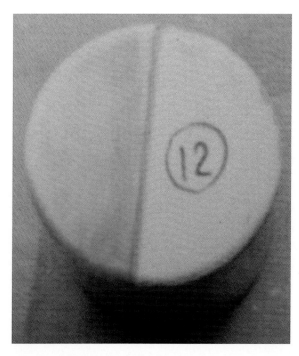

图91 某品牌着色渗透剂在常温 24 小时腐蚀试验时，在 MB15 镁合金棒
材端面上造成的染色（无法用清洗剂去除，另半圆未涂敷渗透剂）

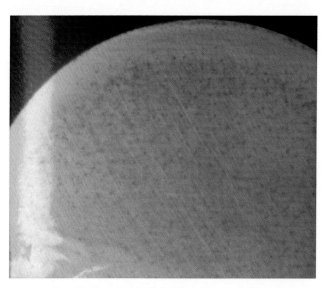

图92 某品牌着色渗透剂在常温 24 小时腐蚀试验时，
在 MB15 镁合金棒材端面上造成的黑色密集腐蚀斑点

目　　录

第一章

渗透检测原理

渗透是日常生活中随处可见的现象，例如一滴墨水或油滴落在衣服上，墨水或油会被衣料吸收，顺着衣料纤维扩散成一片墨迹或油迹，又如水能渗入土壤、海绵及多种多孔性物质，脱脂棉能吸水吸油……等。

利用这种渗透现象无损检测工业产品表面开口缺陷的方法，就是渗透检测。

渗透检测方法究竟是何时出现的现已难以考究，目前公认最早出现的渗透检测方法应该是在 20 世纪 30 年代左右出现的"油—白垩法"（简称"油白法"）。

它利用重油与煤油的混合液（把重滑油以适当比例稀释在渗透力极强的煤油中以调整达到适当的粘度）作为渗透剂，以涂布方式施加在已清理干净并干燥的被检零件表面上，经过一段时间（一般为几分钟）的浸润，如果被检零件表面存在有开口型缺陷时，这种混合液就能够渗入到缺陷内，然后用沾有煤油（作为去除剂或清洗剂）的棉布将涂布在被检零件表面的混合液擦抹干净，稍加干燥，然后再在被检零件表面上薄薄地均匀涂布一层由极细微的白粉末和酒精均匀机械混合的悬浮液（显像剂），待酒精在空气中自然挥发后，被检零件表面将留下一层薄薄的白色涂层，先前渗入缺陷内的渗透剂将被吸附到白色的涂层上并在均匀白色背景的被检零件表面呈现肉眼可见的深黑色显示迹痕，从而达到发现缺陷及其位置的目的。

另一种渗透检测方法是在被检薄壁零件的一个侧面以涂布方式施加煤油作为渗透剂，经过一段时间（一般为几分钟到十几分钟）的浸润，如果被检零件存在穿透性缺陷（如穿透裂纹），则渗透剂能穿越这种穿透性缺陷到达被检零件的另一侧面，而在被检零件相对的另一个侧面上薄薄地均匀涂布一层由极细微的白粉末和酒精均匀机械混合的悬浮液（显像剂），待酒精在空气中自然挥发后，被检零件表面将留下一层薄薄的白色涂层，穿越这种穿透性缺陷到达被检零件另一侧面的渗透剂就会在白色涂层表面呈现肉眼可见的暗色显示迹痕，从而达到发现缺陷及其位置的目的。

当然，这种渗透检测方法在无损检测技术分类中属于泄漏检测中的方法之一。

常规的渗透检测技术主要是用于发现表面开口但是并未穿透的缺陷。

20 世纪 40 年代初期，荧光染料被发现并开始应用，美国斯威策（R. C. Switzer）等人最先把荧光染料加入到渗透剂中，在紫外线照射下，荧光染料被紫外线激发而发出的荧光更容易被人眼观察到，从而大大提高了显示的对比度，亦即提高了渗透检测的灵敏度。

50 年代开始出现以煤油与滑油混合物作为荧光液的荧光渗透检测。

60 年代后开始出现荧光渗透检测自动流水线，水基渗透液和水洗法技术，开始关注对渗透材料中氟、氯、硫元素含量的控制，适应各种不同新材料应用的新型渗透检测材料也不断出现，渗透检测技术进入了现代渗透检测技术阶段，现代渗透检测技术已经更完善并且能达到很高的检测灵敏度。

我国的渗透检测技术发展历史大体上是在 1949 年以前，上海综合实验所（现在上海材料研究所前身）已经采用了以煤油为基础的渗漏检测（油—白垩法）。

1949 年新中国成立后，工业领域应用的渗透检测主要是以煤油 + 滑油或机油为渗透剂载体，特别是在军工行业和重型机械行业在苏联专家帮助下已经将渗透检测技术开始应用于产品检测；

1960 年后，首先在航空工业领域开始采用以荧光黄作染料的荧光渗透检测；

1964 年以后，国内自行研制的渗透检测材料投入应用，并以沪东造船厂陈时宗等研制成功的着色渗透剂为代表；

1970 年后，国产荧光染料 YJP－15 出现，我国开始能够自行生产自乳化型和后乳化型荧光渗透液；

进入 21 世纪后，国产渗透检测材料的质量、灵敏度有了很大提高，适用于各种特殊行业、材料的渗透剂也发展迅速，如用于核工业、航空航天工业、天然气运输容器等……

§1.1 基本概念

渗透检测（Penetrate Testing，简称 PT）是一种以液体毛细作用（毛细管现象）为基础原理，用于检测非疏孔性金属和非金属固体表面开口缺陷的无损检测方法。

现代渗透检测的基本原理：通过喷洒、刷涂、浇涂或浸渍等方法，将溶有荧光染料（能在紫外线辐照下发出肉眼可辨识的黄绿色荧光）或者着色染料（通常为鲜红色）的渗透力很强的渗透液（渗透剂）施加于已清洗干净并干燥的被检零件表面，在一定的温度范围内，经过一定的渗透时间，由于液体毛细现象的作用，渗透液将渗入到各类开口于被检零件表面的细小缺陷内，然后再用适当的清洗剂通过擦拭、冲洗等方法将附着于被检试件表面上多余的渗透液清除干净并适当干燥被检零件表面，接着再用喷撒或涂抹、喷涂等方法在被检零件表面上施加以极微细白色粉末为基础的显像剂，均匀的薄层白色粉末铺展在被检零件表面，层间的白色粉末堆积构成毛细管，已渗入缺陷内的渗透液在毛细作用下将重新被吸附到被检零件表面，显像剂本身提供了与渗透液的颜色形成强烈对比的背景衬托，因此，被吸附出来的渗透液将在被检零件表面开口缺陷的位置形成放大了的可供目视观察检验的缺陷显示（在渗透检测中的常用术语为迹痕），缺陷迹痕在黑光（长波紫外线，简称 UA）下发出黄绿色的荧光（荧光渗透检验法）或者在白光下呈现红色显示（着色渗透检验法），检测人员用目视即可判断出缺陷的形貌和分布状态（形状、取向以及二维平面上的大小）。

渗透检测的优点

渗透检测适用于具有非吸收性的光洁表面（非多孔性、非疏孔性）的各种金属、非金属，特别是无法采用磁性检测的非铁磁性材料，例如铝合金、镁合金、钛合金、铜合金、奥氏体不锈钢等制品，可用于检验锻件、铸件、焊缝、陶瓷、玻璃、塑料以及机械零件等的表面开口型缺陷。

渗透检测不受材料显微组织结构和化学成分的限制，不受零件结构限制，也不受缺陷形状限制，适用于形状复杂的工件，具有较高的检测灵敏

3

度（目前最高检测灵敏度可达到检出 $0.1\mu m$ 开隙度的缺陷），渗透检测显示的结果直观并可作直观验证（例如使用放大镜或显微镜观察），其结果也容易判断和解释，操作简便，一次操作即可检出任何方向及形状的缺陷，使用的设备与材料简单，携带方便，能适应野外无电、无水作业，对于大批量零件可实现半自动化流水线检测（但还是要靠人眼观察）等。

渗透检测的局限性

渗透检测的物理原理是液体的毛细现象，因此只能适用于检查表面开口型缺陷，对被污染物堵塞或经机械处理（如喷丸、抛光、研磨）导致开口被封闭的缺陷不能有效检出，根据渗透检测显示的结果难以确定缺陷的实际深度从而难以作出缺陷深度尺寸的定量评价，检测结果受操作者的操作技术水平影响较大，不适合检查表面多孔性或疏松材料制成的工件和表面粗糙的工件（在去除表面多余渗透剂时存在困难，例如未上釉的陶器、粉末冶金制件、表面粗糙的锻铸件毛坯等），检测工序多，检测速度慢，检测灵敏度比磁粉检测和涡流检测低，检测结果的可重复性较差。

此外，渗透检测材料较贵、检测成本较高，渗透检测材料中有些成分属于有毒性的化学药剂，对人体有一定的危害，并且废弃的渗透检测材料对环境污染较严重，需要特殊处理（废液处理）。

在传统的工业五大常规无损检测技术中，通常把渗透检测（PT）、磁粉检测（MT）和涡流检测（ET）三项统称为表面无损检测技术，它们的主要区别见表1。

表1 渗透检测、磁粉检测和涡流检测的比较

项 目	渗透检测（PT）	磁粉检测（MT）	涡流检测（ET）
检测对象	必须是表面开口并且没有被封闭或堵塞的缺陷	表面和近表面的缺陷，不受是否开口或者被封闭堵塞的影响	
适用材料	不受材料显微组织结构和化学成分的限制	必须是铁磁性材料	必须是导电材料
缺陷可检出性	不受缺陷方向影响	受缺陷方向影响	

续上表

项目	渗透检测（PT）	磁粉检测（MT）	涡流检测（ET）
显示结果	直观	直观	不直观
环境污染	有废液污染问题	有废液污染问题	无废液污染问题
毒害性	渗透检测材料中有些化学成分对人体有毒害性	有强电磁辐射，对人体有一定危害	一般为弱电磁辐射，对人体无危害
检测效率	低，可实现流水线的半自动化检测	较高，可实现机械半自动化检测	最高，容易实现机械自动化检测
其他用途	无	还可用于冷作硬化检测、应力检测等	还可用于测厚，材料分选等

§1.2 渗透检测的物理化学基础

渗透检测的物理理论基础基于液体分子运动论（分子运动和分子的相互作用），主要表现为表面张力和润湿特性，通过毛细现象综合表现出来。

§1.2.1 毛细现象

表面张力 f

在液体内部，每个分子周围有其他分子所包围，分子之间存在着相互吸引力，分子间的相互作用力随分子间距的增大而减小，相邻分子间作用力所能达到的最大距离称为分子作用半径，以该半径形成的球形作用范围就称为分子作用球，对于每个分子来说，它所受四周分子的引力作用是一样的，因此这些引力相互抵消。

但是在气体—液体界面上，存在液体表面层，由距液面距离小于分子作用球半径的分子所组成，这些分子向外受气体分子的吸引，向内受液体分子的吸引，由于气体分子的浓度远小于液体分子的浓度，液体表面层分子所受到的向内的液体分子吸引力将远大于向外的气体分子吸引力，综合作用表现为受到垂直指向液体内部的吸引力——即内聚力的作用。

这种作用力就是表面层对整个液体施加的压力，该压力在单位面积上的平均值称为分子压强，分子压强的方向总是与液面垂直，指向液体内部，在分子压强的作用下，犹如在液体表面形成一层紧缩的弹性薄膜，这层弹性薄膜总是使液面自由收缩，有使其表面积减小的趋势，当液体表面积越小，受到此种吸引力的分子数目越少，体系能量越低、越稳定（当体积一定时，球体的表面积最小，例如水滴在荷叶上形成水珠，水银滴在玻璃板上形成汞珠），这种由于气体—液体界面上液体分子的内聚力所致而使液体表面自由收缩并趋于使其表面积达到最小的力称为液体的表面张力，分子压强就是表面张力产生的原因，表面张力的定义是与液体表面相切且作用于气体—液体界面薄膜边界上的力。

表面张力的大小用表面张力系数表达：液面边界单位长度所具有的表面张力称为表面张力系数，表面张力系数越大，意味着表面张力越大，其作用方向与液体表面相切。表面张力系数的国际标准化单位（SI单位制）为牛顿/米（N/m），工程实用单位（CGS单位制）为焦耳/平方米、达因/厘米。

表面张力系数的物理意义是将液面扩大（或缩小）单位面积时表面张力所作的功，或者说将液面扩大（或缩小）单位面积时液面位能的增量。表面张力系数与液体的种类和温度有密切关系，分子内聚力大的液体其表面张力系数也大，对于同一液体，表面张力系数一般随温度上升而减小（但是也有少数熔融液体的表面张力系数随温度的上升而增大，如铜、镉等金属的熔融液体），表面张力系数小的液体（如丙酮、乙醇、乙醚等）容易挥发，含有杂质的液体比纯净液体的表面张力系数要小（例如纯净水的表面张力系数大于普通含有杂质的水），此外，在液体接近临界温度（汽化温度）时，表面张力系数趋于零。

润 湿

在气体、液体、固体三相共存的界面上，气体—液体界面由于表面张力的作用使液体表面有收缩到最小表面积的趋势，但是在液体—固体界面上，将形成一层与固体接触的液体附着层，附着层内的分子一方面受到液体内部分子的吸引力。另一方面也受到固体分子的吸引，如果固体分子与液体分子间的引力比液体分子间的引力强，附着层内分子分布就比液体内部更密，分子间距变小，附着层里的分子间就出现相互推斥的力，这时液体与固体的接触面积就有扩大的趋势，这种液体能够附着在固体表面上并有扩散趋势的现象就称为润湿，或者说固体表面的一种流体（气体或液体）被另一种流体（气体或液体）所取代的表面或界面过程称为润湿作用。

反之，如果固体分子与液体分子间的引力比液体分子间的引力弱，附着层内分子的分布就比液体内部稀疏，附着层里就出现使表面收缩的表面张力，使液体与固体接触的面积趋于缩小，形成不润湿现象。润湿和不润湿现象的产生是分子间引力相互作用的结果。

液体对固体的润湿能力可用界面接触角 θ 的大小来表示，即以气/液/固三相共存界面处为顶点，液/固界面与气/液界面处液体表面切线之间（包含液体部分）的夹角 θ（见图1）。

由图1可见，液体对固体的接触角 θ 越小，润湿性能越好，θ 角越大，液体对固体的润湿能力越小。

润湿方程

固体表面存有一滴（润湿状态）液体时，存在液/气、固/液和固/气三种界面并相应存在三种界面张力，液/气和固/液界面上的界面张力有力图使液体表面收缩的趋势，固/气界面上的界面张力有力图使液体表面铺展开来的趋势，在气—液—固三相交界处同时存在的这三种界面张力达到平衡时，可得到润湿方程如下：$f_S - f_{SL} = f_L\cos\theta$，式中：$f_S$ 为固/气界面上的界面张力；f_L 为液/气界面上的界面张力；f_{SL} 为固/液界面上的界面张力；θ 为接触角。

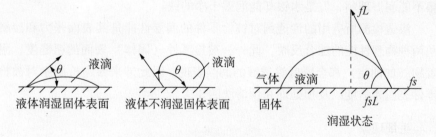

图1　润湿现象和润湿方程

7

由润湿方程可以看出，在固体表面状态一定时（液体在固体表面停留并达到平衡状态），θ 角的大小取决于液体的表面张力 f_L，在平衡状态下，$f_S - f_{SL} =$ 恒定值，f_L 越小，则 $\cos\theta$ 越大，θ 角就越小，润湿能力越大（容易润湿），f_L 越大，则 $\cos\theta$ 越小，θ 角就越大，润湿能力越差。

同一种液体对于不同固体材料的接触角有不同，不同液体对同一种固体也有不同的接触角，参见表 2～表 4。

工程上将润湿性能分为完全润湿、润湿、不润湿和完全不润湿四个等级：

$\theta = 0°$，即 $\cos\theta = 1$，则 $f_S - f_{SL} = f_L$，液滴在固体表面铺展成薄膜状态，此时称作完全润湿；

$0° < \theta < 90°$，即 $0 < \cos\theta < 1$，则 $f_S - f_{SL} < f_L$，液体在固体表面形成小于半球形的球冠，此时称作润湿，润湿程度随 θ 的减小而增大；

$90° < \theta < 180°$，即 $-1 < \cos\theta < 0$，则 $f_S < f_L$，液体在固体表面形成大于半球形的球冠，此时称作不润湿；

$\theta = 180°$，即 $\cos\theta = -1$ 时，液体在固体表面形成球形（与固体之间只有一个接触点），此时称作完全不润湿。

在渗透检测中通常把 $0° < \theta < 5°$ 时的情况称作铺展润湿，是渗透检测的理想状态，因此这是对渗透剂的重要指标要求之一。

液体在固体表面的润湿程度不仅与液体本身（表面张力）有关，而且还与被润湿固体的表面性质有关（例如材料种类、表面粗糙度、污染物等）。例如把水滴在干净的玻璃板上，水滴能沿着玻璃板表面铺散开来，即玻璃表面的气体被水取代，说明水能润湿干净的玻璃（水在玻璃表面能够附着并扩散），但是水不能润湿表面有油脂的玻璃，水也不能润湿石蜡，又如水银在玻璃表面是收缩呈球形而不会沿着玻璃表面铺散开来，说明水银不能润湿玻璃，但是水银却能润湿干净的铁。

渗透检测所应用的渗透剂对被检零件的润湿性能是其表面张力和接触角两种物理性能的综合反映，此外，被检零件（固体）表面的粗糙度、附着物（如油脂）都会降低渗透液的润湿表现，因此带来渗透检测中对被检零件表面光洁度以及预处理和预清洗的要求。

毛细现象

将内径小于 1mm 的玻璃管（毛细管）插入盛有润湿液体（例如水、酒精、煤油等）的容器中时，由于液体能润湿玻璃（接触角小），故液体会沿着管内壁爬升，使得管内的液面产生弯曲（呈凹面），弯曲液面的表面积必然大于平面液面的表面积，在表面张力作用下对内部液体产生拉应力（附加压强）力图使弯曲液面缩小为平面液面，结果使得毛细管内的液面高出容器内的液面直至平衡稳定在一定高度，并且形成凹液面，其爬升的高度与表面张力系数、接触角、毛细管内半径、液体密度以及重力加速度有关。

反之，如果将毛细管插入盛有不润湿液体（例如水银）的容器中时，则由于液体不能润湿玻璃（接触角大），故液体有收缩趋势而会沿着管内壁下降，使得管内的液面产生弯曲（呈凸面），弯曲液面的表面积必然大于平面液面的表面积，在表面张力作用下对内部液体产生压应力（附加压强）力图使弯曲液面缩小为平面液面，结果使得毛细管内的液面低于容器内的液面直至平衡稳定在一定高度，并且形成凸液面。如图 2，水在玻璃毛细管中呈上升（高于容器液面），液面呈下凹形，而水银在玻璃毛细管中呈下降（低于容器液面），液面呈上凸形。

在毛细管内，液体产生的附加压强的方向总是指向弯曲液面的曲率中心，其大小与液面的曲率半径成反比，与表面张力系数成正比。

这种毛细管内液面高度和液面形状随液体对管内壁润湿情况不同而不同的现象称为毛细现象，毛细现象的存在基于液体具有表面张力以及润湿特性。这种内径小于 1mm 的玻璃管称为毛细管，毛细管的内径越小，毛细现象越显著。

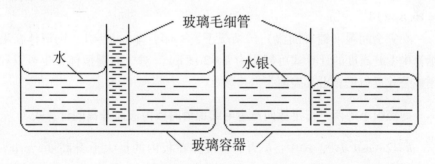

图 2 水和水银在玻璃毛细管中的表现

实际上，毛细作用并不局限于一般的毛细管，如两平板间的夹缝、各种棒、纤维或颗粒堆积物中的空隙等都是特殊形式的毛细管，甚至将一片固体插入润湿液体时的边界情况也可以用毛细现象来研究，这也正是渗透检测能够实现的物理基础。

润湿液体在毛细管中上升高度的计算公式

$h = 2\alpha\cos\theta/r\rho g$，式中：$\alpha$ 为液体表面张力系数，N/m；θ 为液体对固体表面的接触角，度；r 为毛细管的内半径，m；ρ 为液体密度，kg/m^3；g 为重力加速度，m/s^2；h 为润湿液体在毛细管中能达到的最大上升高度，m。

不润湿液体在毛细管中能达到的最大下降高度也可以按照此式计算。

例题1：已知海拔高度0米处，水的密度为1000kg/m^3，表面张力系数 $72.3 \times 10^{-3} N/m$，玻璃上的接触角 39.5°，在内径 1mm 玻璃毛细管中的最大上升高度是多少？（设地表重力加速度 $g_\Phi = 9.8m/s^2$）

解：根据 $h = 2\alpha\cos\theta/r\rho g = 2 \cdot 72.3 \cdot 10^{-3} \cdot \cos 39.5°/$（$0.5 \cdot 10^{-3} \cdot 1000 \cdot 9.8$）$= 0.0228m = 22.8mm$

例题2：密度为 0.736g/cm^3 的某液体，在玻璃上的接触角与煤油相同，在玻璃毛细管中的上升高度比煤油低 1mm，已知煤油的密度为 0.84g/cm^3，表面张力系数为 $23 \times 10^{-3} N/m$，在玻璃毛细管中的最大上升高度为 6mm，求该液体的表面张力系数。

解：根据 $h = 2\alpha\cos\theta/r\rho g$

煤油 $6 = 2$（$23 \times 10^{-3} N/m$）$\cos\theta/r$（$0.84g/cm^3$）g

某液体（$6 - 1$）$= 2\alpha\cos\theta/r$（$0.736g/cm^3$）g

$h_{煤油}/h_{某液体} = 6/5 = 1.2$

$[$（$23 \times 10^{-3} N/m$）$/$（$0.84g/cm^3$）$]/[\alpha/$（$0.736g/cm^3$）$] = 1.2$ $\alpha = 16.8 \times 10^{-3} N/m$

在完全润湿（铺展润湿）的情况下，$\theta = 0$，即 $\cos\theta = 1$，则液体在毛细管中上升高度的计算式可简化为 $h = 2\alpha/r\rho g$。对于润湿液体，也可以利用该公式近似反算出其表面张力系数。

间距很小的两平行平板间产生毛细现象时板内液面升高的计算式

$h = 2\alpha\cos\theta/d\rho g$，式中：$h$ 为润湿液体在板内的最大上升高度，m；α 为液体的表面张力系数，N/m；θ 为液体对固体表面的接触角，度；d 为两平行板间距，m；ρ 为液体密度，kg/m^3；g 为重力加速度，单位：m/s^2。

非贯穿性缺陷情况下渗透液渗入缺陷深度的理论计算式

前面所述液体在毛细管中上升高度的公式只适用于贯穿型的情况（毛细管或平板夹缝的上端与空气连通），而渗透检测的实际情况是被检零件中的贯穿性缺陷很少（在泄漏检测中有这种情况），大多数的情况是非贯穿性缺陷，即缺陷的另一端在被检零件内部是封闭的，在渗透时缺陷内部有气体存在会阻碍液体的深入，即液体达到一定深度时，缺陷内的气体被压缩而产生反向作用在液面上的压力，使液体的渗入深度受到限制，因此，液体进入缺陷内的深度不能简单地应用液体在毛细管中上升高度的计算公式。

渗透检测的被检零件常见开口型缺陷的特征大多为类似间距很小的两平板间隙型，因此可以得到计算式为：$h = b / \left[1 + (p_0 d/2\alpha\cos\theta) \right]$，式中：$h$ 为渗透液在缺陷中的最大渗入深度，m；b 为缺陷深度，m；d 为缺陷开口宽度（又称开隙度），m；α 为液体的表面张力系数，N/m；θ 为渗透液对缺陷两侧表面的接触角，度；p_0 为大气压强，单位：N/m^2。

在渗透检测中，为了增大渗透液进入缺陷的深度（增加在缺陷内的渗透液容量，可以提高检测灵敏度），可以实施真空渗透检测工艺（被检零件处在真空环境下进行渗透），这样可以减小缺陷内部的气体压强，或者在被检零件实施渗透的同时对被检零件施加超声波振动，促使缺陷内的气体逸出，从而减小缺陷内部的气体压强，可以达到提高检测灵敏度的目的。

例题3：假定某牌号渗透液的表面张力系数 $20 \times 10^{-3} N/m$，与铜接触角2°，在非贯穿性裂纹宽度 $5\mu m$，深 1mm 的情况下，该渗透液的最大渗入深度可达到多少？（设大气压强 $0.98 kg/cm^2$）

解：根据 $h = b / (1 + p_0 d/2\alpha\cos\theta)$

$h = 1 \cdot 10^{-3} / (1 + 0.98 \cdot 10^4 \cdot 5 \cdot 10^{-6}/2 \cdot 20 \cdot 10^{-3} \cdot \cos2°)$
$= 0.45 mm$

表2　部分液体的物理常数

名　称	密　度 (g/cm^3)	表面张力系数 mN/m	运动粘度 $10^{-6} m^2/s$	闪点℃
水（20℃）	0.9992	72.75	1.004	
乙醇（20℃）	0.7893	22.32	1.521	57
乙醇（12.5℃） C_2H_5OH	0.795			
乙二醇（20℃）	1.115	47.7	17.85	232
正丁醇		24.6		
乙醚（20℃） $(C_2H_5)_2O$	0.714	17.01	0.3161	49

续上表

名　称	密度 （g/cm³）	表面张力系数 mN/m	运动粘度 10⁻⁶m²/s	闪点℃
丙酮（20℃）	0.70	23.7	0.3218	0
甲乙酮（20℃）	0.8007	27.9	0.542	
乙二醇单丁醚	0.904			165
苯（20℃）（C₆H₆）	0.879	28.87	0.5996	
甲苯（20℃）		28.4		
二甲苯	0.880	30.03		
硝基苯（20℃）		43.9		
苯甲酸甲酯 （20℃）		41.5		
萘（20℃）	0.665	21.8	0.61	30
四氯乙烯（20℃）	1.5953	35.7	0.988	
四氯化碳（25℃）		26.4		
三氯甲烷（25℃）		26.7		
煤油（20℃）	0.84	23	1.65	40
大港航空煤油 （20℃）	0.7963			
大庆2#航空煤油 （20℃）	0.7868			
5#机械油（20℃）	0.89		4.0～5.1	110
松节油（20℃）	0.864/0.893	28.8		
变压器油 （32.5℃）	0.895/0.92			
甘油（20℃） C₃H₅（OH）₃	1.2613	65.0		
醋酸（20℃）		27.6		
油酸（20℃）		32.5		
丙酸（20℃）		26.7		
乙酸多脂		23.9		

续上表

名　称	密度 （g/cm³）	表面张力系数 mN/m	运动粘度 10^{-6} m²/s	闪点℃
乙酸乙酯（20℃）		27.9		
水杨酸甲酯 （20℃）		48.0		
邻苯二甲酸二丁酯	1.048			315
N - 乙烯基吡咯酮 （20℃）	1.04		1.65	95.5
水银（20℃）		484		
环氧树脂		47		
特弗隆（Teflon）		18		

表3　表面张力系数单位换算

达因/厘米 （dyn/cm）	克/厘米 （g/cm）	公斤/米 （kg/m）	磅/英尺 （lb/ft）
1	1.02×10^{-3}	1.02×10^{-4}	6.854×10^{-5}
980.7	1	0.1	6.72×10^{-2}
9807	10	1	0.672
14592	14.88	1.488	1
注：1dyn/cm = 1mN/m			

表4　接触角 θ 的实测数据

	碳素钢		不锈钢		镁合金		玻璃		铜	
	θ (°)	$\cos\theta$	θ (°)	$\cos\theta$	θ (°)	$\cos\theta$	θ (°)	$\cos\theta$	θ (°)	$\cos\theta$
水	51.7	0.620	40.7	0.758	46.2	0.694	39.5	0.772	25.3	0.904
机油	26.5	0.895	17.1	0.961	23.0	0.921	19.7	0.941	21.5	0.930
松节油	4.0	0.998	1.1	0.999	5.0	0.996	1.5	0.999	1.0	0.9998

续上表

	碳素钢		不锈钢		镁合金		玻璃		铜	
某渗透剂	4.3	0.997	6.0	0.995	12.0	0.978	4.0	0.998	2.0	0.9993
某乳化剂	17.5	0.954	18.0	0.951	16.3	0.960	14.0	0.960	22.0	0.927
乙二醇乙醚	4.8	0.995	12.0	0.978	4.5	0.997	17.7	0.953	6.0	0.995
煤油							18			
乙醇							17.7			
乙醚							17.7			
丙酮							17.7			

§1.2.2 表面活性

液体对固体的润湿作用与液体的表面张力有密切关系，如果在液体中加入某种物质能使其表面张力显著降低，则这种物质称为表面活性物质，这种能使液体表面张力降低的性质称为表面活性，表面活性物质就是具有表面活性的物质。

有些原来不能润湿某些固体的液体加入表面活性物质后，能达到一定程度的润湿，例如水本来不能润湿石蜡，如果加入适当的表面活性物质，这种水就能润湿石蜡。

表面活性物质有两种类型，一种虽然能降低溶剂的表面张力，但不是急剧的，另一种则作为溶质随着浓度的增加可以使溶剂的表面张力急剧下降，即明显降低溶剂的表面张力，改变溶剂的表面状态，能产生润湿、乳化、增溶、起泡、去污等一系列作用，这种表面活性物质称为表面活性剂。例如，生活中常用的洗手液、肥皂、香皂、洗衣粉、洗洁精、沐浴液、洗发液等中就含有表面活性剂。

渗透检测中应用的渗透剂其配制中主要需要解决的是渗透液配方中水和油基成分的互溶问题。油和水同在一种液体中的时候，油的比重比水轻，所以形成油在上层、水在下层，分界处形成一层明显的接触膜，这是由于两种液体间存在各自不同的界面张力，使得油和水互相排斥并且各自尽量缩小其接触面积，只有在油浮于水上形成油—水分层时，油和水的接触面积最小并且最稳定，如果进行搅拌，就算能使油变成微小粒子分散在水中，但是将增大了油和水的接触面积，这种状态是极不稳定的，一旦停止搅拌，很快又会恢复到原来接触面积最小的稳定状态，油—水分层又将再次出现。

表面活性剂的吸附作用

表面活性剂的分子一般都由非极性的亲油疏水的碳氢链部分和极性的亲水疏油的基团共同构成，极性基易与水分子结合，称为具有亲水性质，故叫做亲水基，非极性基是长链烃基，不易与水分子结合而是易与油分子结合，称为具有亲油性质，故叫做亲油基（也叫作疏水基、憎水基），一个表面活性剂分子的这两部分分处于分子两端，形成形似火柴的不对称结构，亲水基为火柴头，对水和极性分子有亲和作用，亲油基为火柴梗，对油和非极性分子有亲和作用，因此使得表面活性剂具有"两亲"（又亲水又亲油）分子的特殊结构，称为两亲性质。

图 3 是一种典型的表面活性剂—月桂酸钠（普通肥皂，脂肪酸钠盐）的分子结构，可以看到存在亲油基和亲水基两个部分。

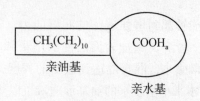

图 3　月桂酸钠分子结构

如果在油水混合液中加入表面活性剂时，由于水分子是强极性的，表面活性剂分子的亲水基有力图和水分子亲和的倾向，而亲油基有离开水分子与非极性的油分子亲和的倾向，结果是油水混合液中的表面活性剂分子迁移到油—水界面，在二相界面（水/油界面）上，非极性的亲油基与油分子相连（朝向油），极性亲水基与水分子相连（朝向水），发生相对聚集形成定向排列，这种现象称为表面活性剂的吸附作用。

此时若对油水混合液进行搅拌，这种表面活性剂的两亲分子吸附在油水界面上起到搭桥作用，将显著改变界面的性质和状态，大大降低油—水

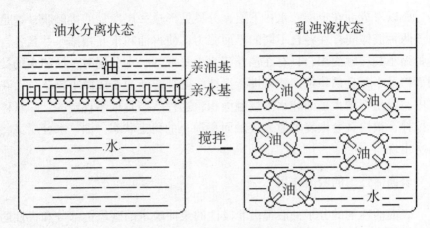

图4 表面活性剂的乳化作用

界面的界面张力，在水溶液表面上降低水溶液的表面张力，使油滴的表面能不会因表面积的增加而急剧增加，从而使整个油水混合液体系始终保持表面能较低的稳定状态，表面活性剂的另一个作用是能在分散的液滴表面形成一种具有一定强度的保护膜，阻止液滴因碰撞而又重新聚集，而且当保护膜受损时能自动弥补受损处，结果是使得不能混合在一起的油和水变得可以互相混合到一起，油液离散为许多极微小的颗粒分散于水中，成为均匀稳定的乳状液（乳浊液），静置后也不会再形成分层，这种现象就称为乳化（见图4）。

利用表面活性剂能够起到增强液体的润湿能力（降低表面张力）、乳化（实现油水互溶）、增溶（增加表面活性剂用量和尽量减少油的分量，可以使油珠体积达到最微小，混合液达到透明的程度，这种现象称之为增溶）和洗涤（例如使本来不溶于水的油基渗透液可以用水去除）等作用。

表5 部分表面活性剂和类似化合物降低水的表面张力的示例

水中添加的物质	温度（20℃）	添加浓度（克分子/L）	表面张力（达因/cm）
未添加	20	-	72.75
乙醇	18	0.0156	68.10
苯酚	20	0.0156	58.20
十八醇硫酸脂钠盐	40	0.0156	34.80
十二醇硫酸脂钠盐	60	0.0156	30.40

　　表面活性剂分子可以看作是在碳氢化合物（烃）分子上的一个或多个氢原子被极性基团取代而组成的物质，这种极性基团可以是离子，也可以是非离子，从而可以将表面活性剂分为离子型和非离子型两大类。

　　离子型表面活性剂溶于水中时会电离生成离子（有阳离子型、阴离子型和阴阳离子型），非离子型表面活性剂溶于水中时不会电离生成离子，因此稳定性高，在一般固体表面不容易发生吸附，不容易受强电解质以及无机盐类的影响，也不容易受酸碱影响，并且在水和有机溶剂中溶解性较好，与其他类型的表面活性剂也有较好的相容性（便于混合使用）。

　　因此，在渗透检测中最常采用的是非离子型表面活性剂（也有采用阴离子型的表面活性剂）。

　　非离子型表面活性剂包括有两大类：亲油性表面活性剂（易溶于油，分子结构中非极性的亲油疏水的碳氢链部分占多数）和亲水性表面活性剂（易溶于水，分子结构中有极性的亲水疏油的基团部分占多数）。

　　非离子型表面活性剂能否易溶于水是用亲水性大小来衡量的，这是衡量表面活性剂的一项重要指标，用其分子结构中亲水基部分的相对分子质量大小来表示，称为亲憎平衡值（$H.L.B$），注意这是对水而言的特性。

　　单一成分非离子型表面活性剂的亲憎平衡值（$H.L.B$ 值）：

$$H.L.B = [亲水基部分的相对分子量/表面活性剂的相对分子量] \times [100/5]$$

　　例如石蜡完全没有亲水基，因此它的 $H.L.B = 0$，而聚乙二醇具有完全的亲水基，因此它的 $H.L.B = 20$，一般的非离子型表面活性剂的 $H.L.B$ 值介于 $0 \sim 20$ 之间。$H.L.B$ 值越高则亲水性越好，反之则亲油性越好。

　　表面活性剂的溶水性与 $H.L.B$ 值的关系：

　　$H.L.B = 1 \sim 4$ 时，表面活性剂在水中几乎不分散；

　　$H.L.B = 3 \sim 6$ 时，表面活性剂在水中分散不好；

　　$H.L.B = 6 \sim 8$ 时，经过强烈搅拌，表面活性剂在水中呈乳状分散；

　　$H.L.B = 8 \sim 10$ 时，经过搅拌，表面活性剂在水中呈稳定的乳状分散；

　　$H.L.B = 10 \sim 13$ 时，经过搅拌，表面活性剂在水中呈半透明状分散；

　　$H.L.B > 13$ 时，表面活性剂在水中呈透明溶液。

表6　常用非离子型表面活性剂（乳化剂）的亲憎平衡值（H.L.B值）

名　称	主要成分	H.L.B值
ОП－7	烷基苯酚聚氧乙烯醚	12.0
TX－10 （op－10）	烷基苯酚聚氧乙烯醚	14.5
乳百灵A	脂肪醇聚氧乙烯醚 $C_{12}H_{25}O.(C_2H_4O)_n$分子量：1199.55	13.0
润湿剂JFC （渗透剂EA）	脂肪醇聚氧乙烯醚 相对分子质量：394.54	12.0
MOA	脂肪醇聚氧乙烯醚	5.0
吐温－80 （乳化剂T－80）	聚氧乙烯脱水山梨醇油酸酯 $C_{64}H_{124}O_{26}$分子量：1309.5	15.0
斯潘－20 （Span－20/司盘－20）	失水山梨醇单月桂酸酯 $C_{18}H_{34}O_6$分子量：346.45	8.6
Glyceryl Monostearate （Monosterin）	单硬脂酸甘油酯 $C_{21}H_{42}O_4$　分子量：358.56	3.8
平平加O	月桂醇聚氧乙烯醚 $C_{12}H_{25}(OC_2H_4)_6OH$	12.5
平平加O－20 （农乳200号）	月桂醇聚氧乙烯醚 $C_{12}H_{25}O(CH_2CH_2O)_9H$分子量462.20	16.5
阿特拉斯C3300	三乙醇胺油酸皂	12.0

不是任何表面活性剂都能同时具有良好的润湿、乳化、增溶、起泡、去污等功效的，在实际使用中常常将几种不同H.L.B值的表面活性剂按一定比例混合在一起使用，可得到一种新H.L.B值的表面活性剂。混合后的表面活性剂比单一的表面活性剂性能好，使用效果更佳。

多种成分非离子型表面活性剂混合后的亲憎平衡值（H.L.B值）：

$$H.L.B = (aX + bY + cZ + \cdots) / (X + Y + Z + \cdots)$$

式中：a，b，$c\cdots$为混合前各表面活性剂的H.L.B值；X，Y，$Z\cdots$为混合前各个表面活性剂的质量。

例题4： 已知某表面活性剂的总分子量480，亲水基部分的分子量

285，求其亲憎平衡值 $H.L.B$ 是多大？

解：$H.L.B = (285/480) \times (100/5) = 11.88$

例题5：已知表面活性剂 – 月桂醇聚氧乙烯的分子式为 $C_{12}H_{25}(OC_2H_4)_6OH$，亲水基部分的分子结构为 $(OC_2H_4)_6OH$，求 $H.L.B$ 值（分子量：$O = 16$，$C = 12$，$H = 1$）

解：总分子量 $= 12C + 25H + 12C + 25H + 7O = 12 \times 12 + 25 \times 1 + 12 \times 12 + 25 \times 1 + 7 \times 16 = 450$

亲水基部分的分子量 $= 12C + 25H + 7O = 12 \times 12 + 25 \times 1 + 7 \times 16 = 281$

$H.L.B = (281/450) \times (100/5) = 12.5$

例题6：计算 10 克的 TX – 10 和 20 克的 MOA 混合后的 $H.L.B$ 值（注：TX – 10 和 MOA 均为表面活性剂，前者主要成分为烷基苯酚聚氧乙烯醚，$H.L.B = 14.5$，后者主要成分为脂肪醇聚氧乙烯醚，$H.L.B = 5.0$）

解：根据 $H.L.B = (aX + bY + cZ + \cdots) / (X + Y + Z + \cdots)$

式中：a，b，$c \cdots$ 为混合前几种表面活性剂各自的 $H.L.B$ 值；X，Y，Z，$\cdots$ 为混合前几种表面活性剂各自的重量，则 $H.L.B = (10 \times 14.5 + 20 \times 5) / (10 + 20) = 8.2$

表面活性剂的胶团化作用

利用表面活性剂降低水的表面张力时，如果水中加入表面活性剂的分量较少，空气和水的界面上并没有聚集较多的表面活性剂分子，空气和水的接触面仍然很大，因此水的表面张力下降不大，随着表面活性剂的浓度增加，越来越多的表面活性剂分子聚集到水面，使空气和水的接触面积显著减小，则水的表面张力会急剧下降。

当水中的表面活性剂浓度超过一定值时，由于表面活性剂分子的密度增大，表面活性剂分子的亲油基开始互相紧靠缔合，从单体（无序排列的单个离子或分子）缔合成胶态聚集物（有序排列的、非极性的亲油基聚集于胶团之内，极性的亲水基朝外向水或水溶液），这样的胶态聚集物称为胶团。

表面活性剂在溶液中从单体缔合成为胶团时所需的最低浓度称为临界胶团浓度或临界胶束浓度（Critical Micelle Concentration，简写为 CMC），它是衡量表面活性剂活性的重要指标。

当表面活性剂分子在溶液中的浓度达到或超过 CMC 时，空气和水的界面已经完全被表面活性剂的"两亲"分子隔绝，等于形成一层由碳氢链形成的表面层（形成单分子膜），表面活性剂在界面上的吸附作用趋于饱和，空气和水的接触面积不会再缩小，此时水的表面张力将达到最低点，此后不再变化。高于或低于 CMC 的表面活性剂水溶液在表面张力或界面张力以及其他物理性质方面都会有较大的差异，因此，当表面活性剂的溶液浓度稍高于 CMC 时才能充分表现出其表面活性的作用，即能够使水溶液的表面张力或油/水界面的界面张力突降，提高润湿性能、加强乳化以及起泡及洗涤等效能。

表面活性剂的 CMC 越低，表示表面活性剂在溶液中形成胶团所需的浓度越低，因而改变溶液表面性质，起到润湿、乳化、增溶及起泡等作用时所需的表面活性剂浓度也越低，表面活性剂的活性越强。

工业上应用的多数表面活性剂其 CMC 一般为 0.001 ~ 0.002 克分子/升，或者说 0.02% ~ 0.4% 体积比。

胶团的形状有球状、棒状或层状。一般认为，浓度超过 CMC 不多的时候，胶团大多呈球状，浓度超过 CMC 的 10 倍或更多时，胶团大多呈棒状，浓度更大时将形成巨大的层状胶团。

表面活性剂的增溶作用

表面活性剂能使水溶液中原来不溶或微溶于水的有机化合物的溶解度显著增加，这就是表面活性剂的增溶作用。增溶作用与溶液中胶团的形成有密切关系，在未达到 CMC 前，并没有增溶作用，当表面活性剂在溶液中的浓度达到和超过 CMC 后，增溶作用就会明显表现出来，因此，胶团形成是增加微溶物溶解度的原因，表面活性剂在溶液中的浓度越大，胶团形成越多，增溶作用越显著，其实质就是把不溶或微溶于水的物质微粒裹进了胶团之中均匀分布在水溶液中。

§1.2.3 乳化剂

由于表面活性剂的作用而使本来不能混合到一起的两种液体（例如油和水）能够混合在一起形成稳定的乳状液的现象称为乳化作用，具有乳化作用的表面活性剂就称为乳化剂。

在实际应用中，把两种互不相溶的油和水同时注入一个容器内，然后加入一定的乳化剂并加以搅拌，油液就会被分散成无数极为微小的球状液珠均匀弥散在水中，或者将水呈极微细的水滴均匀分散在油中，结果形成了在白光下显示乳白色的液体，这种混合液很稳定，即使静置后也很难析出分层，这些液珠的直径很小，可达到 0.1 至数十微米，这种液体就叫做乳化液。

乳化剂的分类与应用

亲水性乳化剂：$H.L.B$ 值 8 ~ 18，俗称"水包油（O/W）"型乳化剂，能将与水不相溶的油液呈极微细的油滴均匀分散在水中（亲水基朝外，亲油基朝内包裹油珠），形成如牛奶状的水包油型乳状液，所形成的乳化液可以直接用水冲洗，在渗透检测中多用于后乳化型渗透液的去除（常用 $H.L.B$ 值 11 ~ 15）。后乳化型渗透液中不含乳化剂，不能直接用水冲洗，需要经过单独使用亲水性乳化剂将后乳化型渗透液形成乳化液后才可直接用水冲洗。

亲油性乳化剂：$H.L.B$ 值 3.6 ~ 6，俗称"油包水型（W/O）"乳化剂，能将水呈极微细的水滴分散在油中，形成如原油状的油包水乳状液（亲油基朝外，亲水基朝内包裹水珠），在渗透检测中常用于自乳化型（水洗型）渗透液，即渗透液组分中已包含有乳化剂。自乳化型渗透液可直接用水冲洗。

非离子型乳化剂的凝胶现象

非离子型乳化剂以非离子型表面活性剂为主要成分，在与水混合时，混合物的粘度随含水量变化，在某一含水量范围内粘度有极大值，此范围称为非离子型乳化剂的凝胶区（见图5），这种现象称为凝胶现象。

在后乳化型渗透检测的水清洗工序中，被检零件表面需要接触大量的水，乳化剂的含水量超过了凝胶区范围，因此粘度很小，使被检零件表面的渗透液容易被洗掉，而缺陷的缝隙开口小，接触的水量少，乳化剂的含水量在凝胶区范围内时，在缺陷缝隙开口处将形成粘度很大的凝胶，可以保护已渗入缺陷内的渗透液不易被水冲走而较好地保留在缺陷中，从而利用非离子型乳化剂的凝胶现象可以提高渗透检测的灵敏度。

就凝胶现象而言，在渗透液中适当加入有促进凝胶作用的物质，例如煤油、汽油、二甲苯、二甲基萘等，可以提高渗透液在缺陷中的截留能力，防止水清洗时把缺陷内的渗透液清洗掉，而在显像剂中则加入具有破坏凝胶作用的物质，例如丙酮、乙醇等，有利于显像时使缺陷中的渗透液容易反渗出来，这样两者结合就可以提高渗透检测的灵敏度和可靠性。

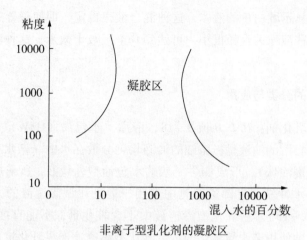

非离子型乳化剂的凝胶区

图5　非离子型乳化剂的凝胶现象

§1.2.4　渗透检测中的光学基本概念

光波属于电磁波范畴（见图6）。

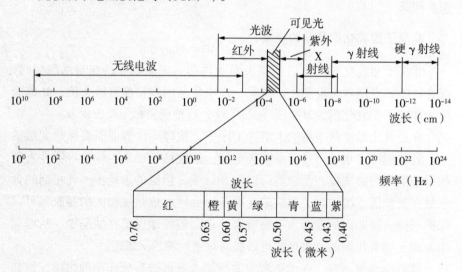

图6　电磁波谱

着色渗透检测是在可见光（白色光或简称白光）下进行观察检验的，可见光就是目视可见的自然光，即包括红、橙、黄、绿、青、蓝、紫七种颜色合成的光，可见光在电磁波谱中的波长范围在 400~760nm（见图6）。

可见光可由日光、白炽灯、日光灯以及高压水银灯等获得。

荧光渗透检测是在紫外线（俗称紫外光）下进行观察检验的，在电磁波谱中波长范围 100 ~ 400nm（波长比可见光短）的目视不可见光称为紫外光。国际照明学委员会把紫外光的频谱范围分为长波紫外线（UV－A，波长 320 ~ 400nm），中波紫外线（UV－B，也称红斑紫外线，波长 280 ~ 320nm）和短波紫外线（UV－C，波长 100 ~ 280nm）三类。工业荧光渗透检测中应用的是波长范围 330 ~ 390nm，中心波长约为 365nm 的长波紫外线（即 UV－A），俗称"黑光"，这种长波紫外线能够最有效地激发荧光渗透液中的荧光物质发出人眼较敏感的黄绿色光（波长 550nm 左右）以便于观察。工业渗透检测中应用的黑光需要有专门的紫外线产生装置来产生，俗称黑光灯。

有关的光学基本概念如下：

辐射通量

辐射源（光源）单位时间内向给定方向所发射的光能量，即以辐射的形式发射、传播和接收的功率，又称辐射功率。辐射通量的国际标准化单位（SI 单位制）是瓦特（W）。

光通量 Φ

又称"光流"，是能引起人眼视觉强度的辐射通量，或者说人的视觉所能感觉到的光辐射功率，其定义是点光源或非点光源在单位时间内通过某一面积的光能量称为通过该面积的辐射通量，其中可产生视觉者（人眼能感觉出来的辐射通量）即称为光通量。

光通量通常等于单位时间的光辐射能量和相对视觉率的乘积，一般用符号 Φ 表示。

光通量的国际标准化单位（SI 单位制）是流明（lumen 或 lm）。

1 个流明是指发光强度为 1 个国际标准化单位（SI 单位制）坎德拉（Cd）的光源在一个球面度（球面度是一个立体角，其定点位于球心，而它在球面上截取的面积等于以球半径为边长的正方形面积）内所通过的光通量，由于整个球面面积为 $4\pi R^2$，所以 1 流明光通量等于 1 坎德拉所发出光通量的 $1/4\pi$，或者说球面有 4π，因此按照流明的定义可知 1 坎德拉的点光源会辐射 4π 流明，即 Φ（流明）$=4\pi I$（I 为发光强度，单位为坎德拉），假定 $\triangle\Omega$ 为很小的立体弧角，在 $\triangle\Omega$ 立体角内光通量 $\triangle\Phi$，则有 $\triangle\Phi$

23

$=\triangle\Omega I$。

有资料介绍实验室测定对波长 0.550μm 的光，1W 的辐射通量相应于 683lm 的光通量。

发光强度 I

也称光度，是光源在给定方向上单位立体角内传输的光通量，用来表示发光的强弱，一般用符号 I 表示。

发光强度的国际标准化单位（SI 单位制）是坎德拉（Candela，缩写 Cd）。

波长 555nm，频率 540×10^{12} Hz 的单色光在给定方向上，每球面立体角内发出 1/683 = 0.0014bW 光通量的发光强度为 1Cd。定义是点光源在某一方向上划出一个微小的立体角 $d\omega$，在此立体角的范围内光源发出的光通量 $d\Phi$ 与 $d\omega$ 的比值称为点光源的发光强度（光度），即 $I = d\Phi/d\omega$，对于均匀发光的光源，I 为常数，因此 $I = \Phi/\omega$，式中 I 为发光强度，单位坎德拉（Cd），Φ 为光通量，单位流明（lm），ω 为立体角光源

光照度 E

简称照度，是被照射物体单位受照面积上所接受的光通量，或者说受光照射的物体在单位时间内每单位面积上所接受的光度，表示物体被照亮的程度，一般用符号 E 表示。

光照度的国际标准化单位（SI 单位制）是勒克斯（lx），定义为 $E = \Phi/S$，式中 E 为照度（勒克斯，lx）；Φ 为光通量（流明，lm）；S 为面积（平方米，m^2）。1 勒克斯 = 1 流明/1 平方米。

在实际应用中可以近似地认为 80W（也有资料为 100W）日光灯在距离 1 米处被照物表面上的照度就能达到 500 勒克斯。

注意：根据物理学的照度第一定律，在点光源垂直照射下，被照物表面上的照度与光源的发光强度成正比，与光源到被照物表面之间的距离成反比，因此，可用照度计测量出被照面上的照度值乘以距离平方即可得到发光强度。

例题 7：一支 100W 日光灯管在距离被检工件表面 1 米处照射，在被检工件表面上可达到约 500 勒克斯的照度，对于检查面积 15 平方厘米的区域意味着照射到这一表面的光通量应该达到多少？

解：根据 $E = \Phi/S$，式中 E 为照度（勒克斯）；Φ 为光通量（流明）；

S 为面积（平方米），因此 $\Phi = ES = 500 \times 15 \times 10^{-4} = 0.75\text{lm}$

例题8：着色渗透检测要求被检工件表面的白光照度达到 1000 lx，意味着照射到这一表面的光通量应该达到多少？

解：根据 $E = \Phi/S$，式中：E 为照度（lx）；Φ 为光通量（lm）；S 为面积（m^2），1 lx = 1 lm/m^2，即在 1m^2 的面积上应达到 1000 lm。

辐射照度 E_e

也称辐照度、辐射强度，是单位面积上的辐射通量，表面上一点的辐照度是入射在包含该点的面元上的辐射通量除以该面元面积之商，一般用符号 E_e 表示。

辐射照度的国际标准化单位（SI 单位制）是瓦/平方米（W/m^2）。实际应用中通常使用微瓦/平方厘米（$\mu\text{W}/\text{cm}^2$），$1\text{W}/\text{m}^2 = 100\mu\text{W}/\text{cm}^2$ 或者 $1\mu\text{W}/\text{cm}^2 = 0.01 \text{ W}/\text{m}^2$。

注意：光照度和辐射照度具有不同的物理意义，在不同辐射距离、光源类型与辐射功率以及测量仪器接收面直径等因素影响下，辐射照度会有较大变化，因此光照度和辐射照度之间不能简单地直接换算（即不能简单地把勒克斯换算成瓦/平方米）而需要通过实验确定。有资料指在 38cm 距离处，$1\text{lx} \approx 8.3\mu\text{W}/\text{cm}^2$。

光亮度 L

也称亮度，是在给定方向单位立体角的垂直光照度，一般用符号 L 表示。

光亮度的国际标准化单位（SI 单位制）是坎德拉/平方米（Cd/m^2）。

光致发光

荧光渗透检测中，荧光染料（荧光物质）在紫外光照射下能够发出荧光，是利用了光致发光的原理，所谓光致发光是指在白光照射下不发光的物质在紫外光照射下能够发光的现象。

能够产生光致发光现象的物质叫做光致发光物质，包括有磷光物质和荧光物质两类。

磷光物质可以由白光激发而发光，在外界光源停止照射后仍能继续保持较长时间才停止发光，这种光称为磷光，例如常见的夜光表、夜光钟、高速公路上的标记、交通警察和环卫清洁工人的工作服上等就是应用了磷光物质在黑夜里发出黄绿色光。

荧光物质只能由紫外光激发而发光，在外界紫外光源停止照射后将立即停止发光，这种光称为荧光。

荧光渗透检测利用的是荧光物质，其光致发光机理在于外界紫外光辐照到荧光物质的时候，离原子核较近的低能电子吸收紫外光能量而被激发，从低能级轨道跃迁到高能级轨道，电子能量升高，但是这种处于高能轨道的电子是不稳定的，在很短的时间内又会自发地跃回较低能级的轨道，在此过程中将有一定能量的光子释放，该光子的波长处在可见光波长范围内时，就出现了光致发光现象。

原子核外电子的能级随物质不同而各自有特定的能级，光致发光产生的光谱波长取决于核外电子的能级差，因此，特定的光致发光物质发出的光也是特定的，不同的荧光物质受紫外光激发出的荧光波长不同，所以颜色不同。在荧光渗透检测中，所利用的荧光染料受到长波紫外光激发出的荧光是波长550nm左右的黄绿色荧光，这是因为人眼在黑暗环境下对这种波长的黄绿色光最敏感。

可见度和对比度

在渗透检测中，观察者相对于背景、外部光照射等条件下能看到缺陷迹痕显示的一种特征，称为可见度。可见度越高，缺陷的检出力越强。

迹痕显示和围绕该迹痕显示周围的表面背景之间的亮度或颜色差异则称为对比度。

对比度越高，可见度也越高。渗透检测中用迹痕显示和迹痕显示的表面背景之间反射光或发射光的相对量来表示对比度，该相对量称为对比率。

纯白色表面能反射的最大白光强度约为入射白光强度的98%，从最黑表面能反射的最大白光强度约为入射白光强度的3%，亦即黑白之间可得到的最大对比率为33∶1（当然这只是最理想值，实际上很难达到）。在渗透检测中，如果是黑色染料，和白色显像剂背景所能达到的对比率一般为9∶1，红色染料和白色显像剂背景能达到的对比率一般为6∶1。

荧光染料发出的荧光和不发光的黑暗背景能达到的对比率达300∶1甚至1000∶1（与周围环境的可见光强度影响有关，在完全黑暗的理想情况下，这个对比率可以达到无限大）。

由此可见，荧光渗透检测时迹痕的荧光显示与不发光的背景之间的对比率数值远远高于着色渗透检测时迹痕的红色显示与白色显像剂背景之间的颜色对比率，因此，荧光渗透检测比着色渗透检测具有更高的检测灵敏度。

从人眼特性而言，人眼在明亮光线下对于对比度和颜色的敏感性较大，而对光强度差别很小的微弱光源不敏感，因此，在着色渗透检测时要求有足够明亮的环境条件以及使用红色渗透剂迹痕以便在白色显像剂背景上形成较大的色差。

在黑暗环境下，人眼辨别颜色和对比度的能力大大减弱，但是，对微弱光源有较好的敏感性，特别是人眼在黑暗环境下对波长在555nm左右的黄绿色光最敏感，因此，荧光渗透检测时要求有足够暗的观察环境以利于观察迹痕的荧光显示。

此外，由于人眼瞳孔的尺寸会随光线强度变化而变化并自动进行调整，当人眼从明亮环境转入黑暗环境时，在短时间内人眼瞳孔有一个放大调整时间，经过这段调整时间后，人眼才能看清周围物件，这种现象称为人眼的黑暗适应性或者适暗性，这段调整时间就称为人眼的适暗时间。因此，在荧光渗透检测时，检验人员从明亮区域进入观察检验的暗室后，要经过一段适暗时间（通常为3~5分钟）后才能开始进行观察检验工作以避免漏检。相反，人眼从黑暗区域转入明亮区域时，短时间内人眼瞳孔也有一个缩小调整时间，经过这段调整时间后，人眼才能看清周围物件，这种现象称为人眼的恢复时间（这个时间很短，一般仅需要数秒）。

此外，人眼直接观察发光的小物体时，由于人眼有放大作用，看到的光源（迹痕的荧光显示）其尺寸会比实际迹痕尺寸大，这也是人眼特性之一，也是荧光渗透检测灵敏度高于着色渗透检测灵敏度的优点之一。

影响渗透检测显示结果可见度的因素主要包括迹痕显示的颜色（着色渗透多用红色显示，荧光渗透多用黄绿色荧光显示）、背景显示（与被检零件的本底衬度和表面清洗程度相关）、迹痕显示与背景的对比度（着色渗透检测用白色显像剂来提高对红色的对比度。在荧光检测时，背景呈现为深蓝紫色）、迹痕显示本身对光的反射强度（与着色渗透液的颜色浓度相关）或迹痕显示的发光强度（与荧光渗透液中荧光物质的浓度相关）、周围环境光线的强弱（着色渗透检测要求有足够的白光照度，荧光渗透检测要求环境可见光强度很低的暗室观察，并有足够的紫外光辐射强度）、观察者的视力（要求检测人员对渗透检测中的颜色显示不能有色盲、色弱，荧光渗透检测时进入暗室需要有眼睛适暗时间）等。

第二章

渗透检测设备器材

§2.1 渗透检测的分类

按渗透液所含染料成分分类

着色渗透检测（Eye penetrant testing，简称 EPT 或简单用 PT 代表着色渗透检测，也有写成 colour contrast penetrant testing）

着色渗透液中溶解有红色染料以及增强渗透能力的表面活性剂和其他为保障渗透液性能的添加剂。着色渗透检测只需在白光或日光下进行观察，在没有电源的场合下也能工作（主要是指不需要特殊的电光源）。着色渗透检测时，缺陷处呈现红色显示，背景为白色。

荧光渗透检测（Fluorescent penetrant testing，简称 FPT）

荧光渗透液中溶解有荧光染料以及增强渗透能力的表面活性剂和其他为保障渗透液性能的添加剂。荧光渗透检测需要配备黑光灯和暗室，在黑光（紫外光，UA）辐照并在暗光条件下进行观察。荧光渗透检测时的缺陷迹痕在黑光照射下发出人眼在暗光条件下最敏感的色泽鲜明的黄绿色荧光，被检零件表面形成深蓝紫色本底，具有有很高的对比度，使得缺陷在暗区具有很好的可见度，从而能够达到较高的检测灵敏度（高于着色渗透检测的检测灵敏度）。

着色荧光渗透检测（Combined colour contrast and fluorescent penetrant

testing)

渗透液中溶解有两性染料，既可在白光或日光下进行观察（缺陷处呈现橙红色显示），也可采用黑光（紫外光，UA）辐照并在暗光条件下进行观察，缺陷处发出黄绿色的荧光。

反应型着色渗透检测

反应型着色渗透液本身是无色透明的，溶解有无色或淡黄色染料，但是遇到相配的无色显像剂后将会发生化学反应而在白光下呈现红色，其优点主要是避免了对被检零件和环境的颜色污染。

高温着色渗透检测

高温着色渗透剂采用耐高温染料和溶剂，能够在短时间内承受高温而不会分解或被破坏，适用于被检零件温度较高的情况。要注意高温着色渗透剂的耐温能力是有限的，因此要求检测速度要快。

按表面多余渗透液去除方法分类

水洗型渗透剂

水洗型渗透剂本身含有乳化剂，渗透完成后可直接采用水洗去除表面多余的渗透液（简称 A 法）。

亲油性后乳化型渗透剂

亲油性后乳化型渗透剂本身不含乳化剂，渗透完成后，表面多余的渗透液需要经过乳化处理再进行水洗去除（简称 B 法）。

亲水性后乳化型渗透剂

亲水性后乳化型渗透剂本身不含乳化剂，渗透完成后需要先进行预水洗以去除部分表面多余的渗透液，然后经过乳化处理再进行最终水洗去除表面多余的渗透液（简称 D 法）。

溶剂去除型渗透剂

溶剂去除型渗透剂本身不含乳化剂，渗透完成后可直接用溶剂去除剂擦拭去除表面多余的渗透液（简称 C 法）。

溶剂去除剂包括：

含卤溶剂去除剂，适用于一般材料的渗透检测；

非卤溶剂去除剂，适用于要求高的材料，特别是其氯、氟、硫含量受到严格控制（一般要求不大于1%），因为它们对例如奥氏体不锈钢、镍基高温合金、钛合金等材料的性能有危害；

特殊应用的溶剂去除剂，适用于特殊材料的渗透检测，例如液氧容器、复合材料等。

按渗透液种类和去除方法相结合的分类

水洗型荧光渗透检测法（简称 FA 法）

对质量要求较高的被检零件最常用的渗透检测方法，因为水洗型荧光渗透剂本身含有乳化剂，因此又称为预乳化型渗透剂、自乳化型渗透剂，内含的乳化剂既能使渗透剂便于用水去除，对染料也有促进溶解作用（增溶作用）。乳化剂含量越高，渗透剂越容易被水清洗，但是检测灵敏度则越低，乳化剂含量越低，渗透剂越难被水清洗，但是检测灵敏度则越高。

根据渗透剂的可清洗性和检测灵敏度高低，通常可分为超低灵敏度（一般用于粗糙表面，例如铸坯）、低灵敏度（一般用于较粗糙表面，例如压铸件）、中等灵敏度（一般用于表面粗糙度较好的工件）、高灵敏度（要求用于良好机加工表面）和超高灵敏度（要求用于精加工表面）五级。

亲油性后乳化型荧光渗透检测法（简称 FB 法）

亲水性后乳化型荧光渗透检测法（简称 FD 法）

对质量要求很高的被检零件最常用的渗透检测方法。

后乳化型荧光渗透剂有亲油性和亲水性两大类（所选用的乳化剂类型不同），由于后乳化型渗透剂本身不含乳化剂，不容易直接被水去除，抗水污染能力强，也不容易受酸、铬酸等影响，但是需要经过专门的乳化处理工序后才能被水清洗，不适合表面粗糙的工件，后乳化型渗透剂在缺陷中的截留性能较好，与产品验收质量要求相适应，通常可分为低灵敏度、中等灵敏度、高灵敏度和超高灵敏度四级。

溶剂去除型荧光渗透检测法（简称 FC 法）

溶剂去除型荧光渗透剂的成分与后乳化型荧光渗透剂相似，溶剂去除型荧光渗透剂本身也不含乳化剂，按其所用溶剂有油基和醇基之分，与产品验收质量要求相适应，通常可分为低灵敏度、中等灵敏度、高灵敏度和超高灵敏度四级。一般水洗型荧光渗透剂、后乳化型荧光渗透剂也可以采用溶剂去除方法来使用。

水洗型着色渗透检测法（简称 VA 法）

水洗型着色渗透剂有水基（以水为溶剂溶解水溶性红色染料，成本低、安全性高）和油基自乳化（以油为溶剂溶解油溶性红色染料并含有乳化剂）两种类型，水洗型着色渗透剂的检测灵敏度很低，一般适用于验收质量要求不高的产品，较少应用。

后乳化型着色渗透检测法（简称 VB 法）

后乳化型着色渗透剂的基本成分是油基溶剂和有机溶剂溶解油溶性红色染料，不含乳化剂，需要经过专门的乳化处理工序后才能被水清洗，也有亲油性和亲水性的不同，其检测灵敏度高于水洗型着色渗透剂，但不适合表面粗糙的工件。

溶剂去除型着色渗透检测法（简称 VC 法）

溶剂去除型着色渗透剂的基本成分与后乳化型着色渗透剂相似，渗透剂本身不含乳化剂，按其所用溶剂有油基和醇基之分，最常采用压力喷罐方式使用，使用配套的溶剂清洗剂与溶剂悬浮型显像剂能得到较高的检测灵敏度，与产品验收质量要求相适应，通常可分为低灵敏度、中等灵敏度、高灵敏度三级。目前商品化的溶剂去除型着色渗透剂也有水洗和溶剂清洗两用型。

概括来说，水洗型渗透剂适用于检查表面粗糙或形状复杂的零件（铸造件、螺拴、齿轮、键槽等），以水为溶剂的水基型渗透剂可以检查不能接触油类、醇类的特殊零件（如液氧容器、塑料、橡胶等），水洗型渗透剂和水基型渗透剂操作简便，成本较低，特别适合批量零件的渗透检测，但灵敏度较低（特别是水基型渗透剂的检测灵敏度更低）。

后乳化型渗透剂的检测灵敏度高，但仅适于检查表面光洁，验收标准要求高的精密零件，例如发动机涡轮叶片，涡轮盘等，而且不适用于螺栓、有孔、槽等的零件（后乳化处理很困难）。

溶剂去除型渗透剂应用广泛，可以使用在没有水和电的场合，特别是使用压力喷罐，可简化操作，适宜大型工件的局部检测（如锅炉、压力容器、大型结构件的焊缝检测等），但成本较高、检测效率较低，不适于大批量零件的渗透检测。

就着色渗透检测而言，其检测灵敏度低于荧光渗透检测，因此对于质量要求高的产品（例如航空航天产品）一般不采用着色渗透检测，而是采用荧光渗透检测。

按显像方法分类

干式显像（简称 D 法）：使用干粉显像剂，显像灵敏度高，一般与水洗型和后乳化型荧光渗透检测配套使用。

水基湿显像：有水溶性显像剂和水悬浮性显像剂两种。水溶性显像剂显像方法简称 A 法，显像剂为水溶液，显像灵敏度很低。水悬浮性显像剂显像方法简称 W 法，显像剂为显像粉在水中悬浮，显像灵敏度也不高。

非水基湿显像：这种显像方法简称 S 法，使用溶剂悬浮显像剂（显像粉在溶剂中悬浮），显像灵敏度高。

特殊显像：这种显像方法简称 E 法，例如在被检工件表面喷涂显像液干燥后能形成塑料薄膜，便于剥离保存缺陷显示迹痕（塑料薄膜显像法）。

自显像：这种显像方法简称 N 法，不使用显像剂而直接观察被检零件表面的缺陷迹痕，一般用于荧光渗透检测并且产品验收质量要求不高的场合。

表7　常用渗透检测方法的分类、应用范围及优缺点

		着色渗透检测		荧光渗透检测	
		应用范围及优点	缺点	应用范围及优点	缺点
水洗型	自乳化型	适合检验表面较粗糙的工件，白光下检验，无需暗室和黑光光源，操作简便，成本较低	灵敏度较低，不易发现微细缺陷	适合检验表面较粗糙的工件，清洗简便	灵敏度较低，受水源、电源和黑光光源、暗室等条件限制，渗透液含水量会明显影响渗透性能
	水基型	适合检验不能接触油类的特殊工件	灵敏度很低	适合检验不能接触油类的特殊工件	灵敏度很低
后乳化型		适合检验表面较光洁的工件，白光下检验，灵敏度较高，无需暗室和黑光光源	较水洗型增加了预清洗和乳化工序，不适合表面较粗糙的工件，受设备条件限制较多	适合检验表面较光洁的工件，灵敏度最高，渗透液含水量对渗透性能影响较小	较水洗型增加了预清洗和乳化工序，不适合表面较粗糙的工件，受设备条件限制较多
溶剂清洗型		适合大型工件的局部检验，白光下检验，可使用喷罐式器材，灵敏度较高	手工操作不易掌控，不适合大批量检验，成本较高	适合大型工件的局部检验，可使用喷罐式器材，灵敏度较高	手工操作不易掌控，不适合大批量检验，成本较高，需要黑光光源

表8　JB/T9218—2007《无损检测——渗透检测》

渗透检测方法分类的符号表示

| 渗透剂 | | 去除剂 | | 显像剂 | |
类型	名　称	方法	名　称	方式	名　称
I	荧光渗透剂	A	水	a	干粉
II	着色渗透剂	B	亲油性乳化剂 1. 油基型乳化剂 2. 流动水冲洗	b	水溶性
				c	水悬浮
		C	溶剂（液体）	d	溶济型（非水湿式）
III	两用（荧光着色）渗透剂	D	亲水性乳化剂 1. 可选预冲洗（水） 2. 乳化剂（水稀释） 3. 最终冲洗（水）	e	特殊应用的水或溶剂型（例如可剥离显像剂）
		E	水和溶剂		

表9　JB/T4730.5—2005《承压设备无损检测》第5部分：渗透检测

渗透检测方法分类

| 渗透剂 | | 渗透剂的去除 | | 显像剂 | |
分类	名　称	方法	名　称	分类	名　称
I II III	荧光渗透检测 着色渗透检测 荧光、着色渗透检测	A	水洗型渗透检测	a	干粉显像剂
		B	亲油型后乳化渗透检测	b	水溶解显像剂
		C	溶剂去除型渗透检测	c	水悬浮显像剂
				d	溶剂悬浮显像剂
		D	亲水型后乳化渗透检测	e	自显像
注：渗透检测方法代号示例：IIC－d 为溶剂去除型着色渗透检测（溶剂悬浮显像剂）					

§2.2 渗透检测材料

§2.2.1 渗透液

渗透检测中使用的渗透液主要有荧光渗透液和着色渗透液两类，每一类又可分为水洗型、后乳化型和溶剂去除型，此外，还有一些特殊用途的渗透液。

和渗透液性能相关的参数

表面张力和接触角（表征润湿能力）：表面张力系数与接触角余弦的乘积越大，渗透性能越强（毛细管上升高度大）。

渗透液的静态渗透参量（SP）

表征渗透液的渗透能力。在不考虑渗透时间的情况下，静态渗透参量（SP）等于表面张力 f_L 和接触角余弦 $\cos\theta$ 的乘积：$SP = f_L\cos\theta$，或者表示为 $SPP = \alpha\cos\theta$，式中 α 为表面张力系数，单位 mN/m。SP 值越大，渗透液的渗透能力越强。$\theta \leqslant 5°$ 时，$\cos\theta \approx 1$，$SP \approx f_L$，即 SP 近似为 $\theta \leqslant 5°$ 时的渗透剂的表面张力。

渗透液的动态渗透参量（KP）

表征渗透液的渗透速率，影响渗透液进入被检零件上表面开口缺陷所需的相对时间（渗透时间）。

动态渗透参量（KP）等于表面张力 f_L 和接触角余弦 $\cos\theta$ 的乘积与粘度 η 之比，或者说静态渗透参量（SP）与粘度 η 之比：$KP = f_L\cos\theta/\eta$，或者表示为 $KPP = \alpha\cos\theta/\eta$，式中：$\alpha$ 为表面张力系数，单位 mN/m；θ 为接触角；η 为运动粘度。KP 值越小，渗透液渗入表面开口缺陷所需的时间越长。

粘度 η

液体在外力作用下流动（或有流动趋势）时，相邻流体层间存在着相对运动，分子间存在的内聚力要阻止这种相对运动而产生一种内摩擦阻力（粘滞力），这种现象叫做液体的粘滞性，是静止液体对运动液体（或者运动速度慢的液体对运动速度快的液体）由于液体的内摩擦力引起的阻滞力。

液体只有在流动（或有流动趋势）时才会呈现出粘滞性，静止液体是不呈现粘滞性的，液体的粘滞性大小用粘度表示，可用于衡量液体流动时的阻力。

液体的粘度大小取决于物质的种类、温度（常见液体的粘度随温度升高而减小，常见气体的粘度随温度升高而增大）、浓度等因素。

液体的粘度主要分为动力粘度和运动粘度：

动力粘度是指液体在单位速度梯度下流动时单位面积上产生的内摩擦力，定义为面积各为 $1m^2$ 并相距 $1m$ 的两平板，以 $1m/s$ 的速度作相对运动时，因之间存在的流体互相作用所产生的内摩擦力。在国际标准单位制（SI）中以 $N \cdot s/m^2$（牛顿秒每平方米）即 $Pa \cdot S$（帕·秒）表示。在工程实用单位（CGS 单位制）中常以泊（P，$1P = 1dyne \cdot s/cm^2$）和厘泊（cP，$1cP = 10^{-2}P$）表示，与国际标准单位制换算为 $1Pa \cdot s = 10P = 1000\ cP$。

运动粘度表示液体在重力作用下流动时内摩擦力（流动阻力）的量度，其值为相同温度下该液体的动力粘度与其密度之比。在国际标准单位制（SI）中以 m^2/s 或 cm^2/s 表示。在工程实用单位（CGS 单位制）中常用 St（斯托克斯，简称斯或沲）和厘斯（厘沲，cSt，$1St = 100\ cSt$）为单位，与国际标准单位制换算为 $1St = 10^{-4}m^2/s$，$1cSt = 10^{-6}m^2/s = 1mm^2/s$。

渗透检测中应用的渗透液的粘度主要指运动粘度，粘度对渗透能力并无影响，但是影响渗透液在工件上的铺展覆盖时间和渗透速率（粘度大则需要的渗透时间长以保障完全深入缺陷）以及截留能力（粘度大则深入缺陷的渗透液不容易被清洗掉，即不易过清洗），但是粘度大的渗透液会给表面上多余渗透液的清洗造成困难。此外，粘度大的渗透液会因为被零件带走得多而消耗也大，对后乳化检测使用的乳化剂也容易产生更多的污染影响。如果表面上多余的渗透剂能较容易清洗掉，而深入缺陷的渗透液又不容易被清洗掉，这样的粘度是最佳的。

渗透检测用渗透液的粘度一般在 4 ~ 10cSt（20℃）。

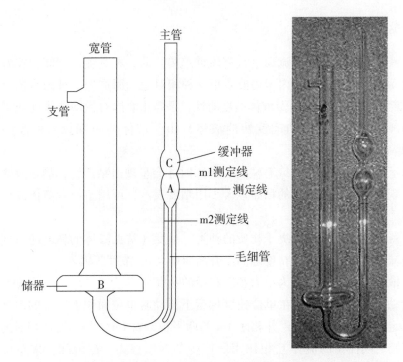

图7　用于测定渗透液、乳化剂运动粘度的品氏毛细管粘度计

运动粘度的测量方法：在37.8℃的恒温水浴中，将待测渗透液置于合适的品氏粘度计（见图7，毛细管粘度计，安装粘度管时必须保持垂直）中，测定一定体积的液体在重力作用下流过标定好的毛细管两端所需时间（必须选择恰当的毛细管的尺寸，保证流出时间不能太长也不能太短，即粘稠液体用稍粗些的毛细管，较稀的液体用稍细的毛细管，流动时间应不小于200秒），即可根据粘度管标定常数求得粘度。粘度 = 粘度计常数 × 测定常数，单位为厘斯（cSt），注意粘度与温度相关，测定时要严格控制温度（测温精度要求达到0.01℃）。详细测量方法可查阅 GB 265《石油产品运动粘度测定法和动力粘度计算法》。

密　度

渗透液的密度越小，渗透能力越强（毛细管上升高度大），因此渗透检测用渗透液的密度一般都小于1，而且在应用中较容易与水分离（水沉于底部），不容易被水污染和容易漂浮溢流而便于清洗去除。

水洗型渗透液被水污染时，由于乳化剂的作用使水分子分散在渗透液中，增大了渗透液的密度，导致渗透能力降低，因此，对于水洗型渗透液有含水量和容水量的要求。

液体的密度一般与温度成反比（热胀冷缩），温度升高时密度降低，有利于增强渗透能力，但是温度升高也导致液体挥发性（蒸发性）增强，渗透液容易干涸，因此，适用于渗透检测的环境有一定温度范围要求。

渗透液的密度可用波美比重计测量。

酸碱度

渗透液的酸碱度（pH）应呈中性，过高或过低都对操作人员的身体健康和被检零件不利（有腐蚀性），通常用 pH 计或试纸等方法测量。

渗透液的浓度

渗透液由多种成分按一定比例配制而成，最重要的是染料的浓度将直接影响渗透剂的检测灵敏度，衡量渗透液的浓度最常用的是百分比浓度：

百分比浓度 =［着色（荧光）染料质量（g）/渗透剂（染料＋溶剂）质量（g）］×100%

此外，也有采用摩尔浓度：

摩尔浓度 =［着色（荧光）染料的物质的量（mol）/渗透剂的体积（L）］

注：物质的量（摩尔，mol）= 物质的质量（g）/物质的摩尔质量（g/mol）。物质由分子构成，分子直径为 10^{-10} m 数量级，例如水分子直径为 4×10^{-10} m。分子的质量视物质不同而不同，例如水分子质量为 3×10^{-26} kg。分子的质量单位为摩尔，1 摩尔（mol）含 6.02×10^{23} 个分子，故水的摩尔质量为 18.06 g/mol 近似取 18g/mol。

表 10 几种物质的摩尔质量（g/mol）

水	18g/mol
氢氧化钠（NaOH）	40g/mol
硫酸（H_2SO_4）	98g/mol

挥发性

液体的挥发性可用液体的沸点或液体的蒸汽压来表征。沸点越低，挥发性越强。

挥发性高的渗透液容易干涸在被检零件表面造成清洗困难，而缺陷内的渗透液则会因为干涸以致不能被回渗吸附显示，而且损耗大、容易着火、毒性威胁也大，因而存在不安全隐患。但是，有一定挥发性的渗透液往往对染料有较高的溶解度，有利于增大染料的浓度以提高缺陷显示的着色强度或荧光强度（见下面阐述），从而提高缺陷显示的对比度并能限制缺陷迹痕的扩散，使得显示清晰，提高检测灵敏度。在渗透液中加入一定的挥发性成分还有利于降低渗透液的粘度，可以提高渗透速度。因此，要求渗透液应有一定的挥发性但是不能大。

闪点和燃点

液体加温到能被火焰点燃并持续燃烧时的最低温度叫做燃点。可燃性液体在加温过程中，液面上方会有挥发出来的可燃性蒸气，一旦与空气混合，接触火焰时会出现爆炸闪火现象，在刚刚出现闪火现象时的液体最低温度叫做闪点。

对同一液体而言，其闪点低于燃点。闪点低的液体其燃点也低，引起着火的危险性也就越大。从安全角度考虑，渗透液的可燃性一般用闪点来表征，闪点越高，越安全。

按不同的测量方式，闪点可分为开口闪点和闭口闪点。

开口闪点是用开杯法测定的（开口油杯中进行试验），闭口闪点是用闭杯法测定的（将可燃性液体试样放置在带密封盖的油杯中进行试验，盖上有一个可开闭的窗孔，加热过程中窗孔关闭，测试闪点时窗孔打开并进行点火测试）。闭杯法的测量重复性优于开杯法，而且测得的数值低于开口闪点，故渗透液的性能指标中常用的是闭口闪点测定指标（例如美国宇航材料规范 AMS 2644D 中要求渗透剂和乳化剂的闭口闪点不得低于93℃），对于溶剂型渗透剂、清洗剂、显像剂，由于通常的闪点较低，因此在应用中特别要注意防火问题。

稳定性

这是指渗透液对光、热、冷的耐受能力，涉及其能够正常使用的寿命和储存（库存）时间，即渗透液在长期储存或使用时，在光、冷热变化的影响下不发生变质、分解、浑浊、沉降等现象。

因此，应该注意渗透检测材料本身的稳定性指标以及有效期问题，例如渗透液经历了高、低环境温度变化后其渗透性能不应有明显变化、荧光渗透液的荧光发光强度下降到一定程度就必须报废更换（不同标准有不同要求，例如我国机械行业标准 JB/T4730.5—2005《承压设备无损检测》第5部分：渗透检测中规定为与新荧光渗透液相比较不得低于75%，而我国国家军用标准 GJB593.4—1988《无损检测质量控制规范——渗透检验》则规定"被测渗透液的荧光亮度下降到同批标准样品的85%以下，不准使用"），此外，还有着色渗透剂在强白光照射下不应褪色等。

化学惰性

化学惰性是衡量渗透液对盛放的容器和被检工件腐蚀性能的指标，要求渗透液对盛装容器和被检工件尽可能是惰性的或无腐蚀的。

例如水洗型渗透液中含有的乳化剂如果带有微碱性，当渗透液被水污染时，水与乳化剂结合形成弱碱性溶液会对铝、镁等合金零件产生腐蚀作用，还可能与盛装容器上的涂料或其他保护层发生化学反应。

渗透液中硫、钠等微量元素的存在，在高温下会对镍基合金零件产生热腐蚀（热脆）导致零件破坏。

渗透液中的卤族元素如氟、氯等容易与钛合金及奥氏体钢产生化学反应，在应力存在的情况下容易产生应力腐蚀裂纹。

渗透液中的氯和空气中的水（或清洗用水）反应能生成盐酸，时间越长，盐酸浓度越大，会使零件受到表面腐蚀、产生晶间腐蚀以及产生腐蚀裂纹等。

用于渗透检测的渗透液一般要求其氟、氯、硫含量不得大于1%，在对质量要求高的产品进行渗透检测时，往往要求所用渗透液的硫含量在10ppm（注：$1ppm = 0.0001\% = 1g/m^3$）以下，氟含量在50ppm 以下，氯含量在100ppm 以下，甚至有更严格的要求，具体指标要求应根据产品验收技术条件的规定。

例如我国国家军用标准 GJB 593.4—1988《无损检测质量控制规范——渗透检验》对用于奥氏体不锈钢、钛或镍基合金制件的渗透检验材料要求氟、氯、硫含量不得大于1%，而国家标准 GB/T18851.2—2008/ISO3452.2：2006《无损检测——渗透检测》第2部分：渗透材料的检验中要求含硫量少于200ppm，卤素总含量（氯化物和氟化物）少于200ppm。

此外，用于检验盛装液氧装置的渗透液应不会与液氧起反应，检验橡胶、塑料等的渗透液不应与橡胶、塑料发生反应（导致变形或退化）等。

溶剂的溶解性

一种物质以分子或离子状态均匀地分散于另一种物质中而形成均匀的物质，就叫做溶液（介乎于机械混合物和化合物之间的一种物质），溶液可以是液态、气态或固态（如合金）。通常把被均匀地分散的物质称为溶质，把溶解溶质的物质叫做溶剂。

在一定量的溶液或溶剂中的溶质含量称为溶液的浓度。浓度的表示方法有体积百分比浓度或重量百分比浓度、体积克分子浓度、重量克分子浓度、当量浓度等。渗透液的浓度通常采用体积百分比浓度，即用溶质的体积占全部溶液体积的百分比表示。

在一定的温度和压力下，溶质在一定量的溶剂中所能溶解的最大量（达到饱和状态）称为该溶剂对该溶质的溶解度，一般用 100 克溶剂里所能溶解的溶质的克数表示。

渗透液是主要由染料和溶剂组成的溶液，溶剂对染料溶解度的性能要求主要涉及两个方面：一方面是溶剂本身的溶解性，这是指去除被检零件表面多余渗透液时，渗透液中的溶剂能够被溶解去除的能力，这是衡量渗透液可清洗性能的重要指标，要求渗透液应具有良好的溶剂溶解性（可清洗性）。另一方面是溶剂对染料的溶解度，这将影响渗透液的着色强度或荧光强度（见下面阐述），染料溶解浓度高则显示迹痕的对比度高。提高渗透液中着色染料或荧光染料在溶剂中的溶解度，可以提高渗透检测的灵敏度。因此，要求渗透液的溶剂对染料有高的溶解度。

溶解度与温度、压力有关，特别是温度低的时候溶解度下降，已经溶解的染料有可能析出，因此，把渗透液从低温环境移到常温环境使用时，要注意放置一段时间（通常要求至少 24 小时）后才能使用，以便让有可能析出的染料重新溶解。

含水量和容水量

这个指标是用于水洗型渗透液的。渗透液中水分的实际含量与渗透液总量之比的百分数叫做含水量。渗透液含水量增大的结果会导致密度增加，渗透能力下降，达到一定程度（例如出现凝胶、分离或凝结，以及检测灵敏度降低）时就必须报废（因为被水污染导致性能下降），因此，要求渗透液的含水量越少越好。

含水量用于测定新的和在用的渗透液实际含水量大小，例如我国国家军用标准 GJB 593.4—1988《无损检测质量控制规范——渗透检验》规定渗透液含水量不得大于5%。

渗透液的容水量是指渗透液出现分离、浑浊、凝胶或灵敏度下降等现象时的渗透液含水量的极限值，它是衡量渗透液抗水污染能力的指标，容水量指标越高，抗水污染的性能越好。

容水量（也称为"水宽容度"）用于确定新渗透液抗衡水污染的能力，例如美国宇航材料规范 AMS 2644D《检验材料——渗透剂》要求水洗型荧光渗透液应能在增加到不少于5%的水时仍不会发生凝胶、分离或凝结。

毒　性

渗透液含有多种化学成分，应该对人体是无毒或低毒的，随着环境保护和人类健康科技的发展，逐渐更多地发现渗透液成分中有些物质是对人体有害的，例如苏丹红（着色渗透液中最常用的染料）对人体有致癌威胁，氟利昂（压力喷罐型渗透检测材料中最常用的气雾剂）能破坏大气臭氧层，还有渗透材料中的有机溶剂对人体皮肤容易造成伤害、挥发性气体容易使操作者感到头晕恶心等，因此，在操作中还是要注意尽量避免皮肤接触和吸入渗透材料。

着色（荧光）强度

在渗透检测时，缺陷内被吸附出来的一定数量的渗透液在显像处理后能显示色泽（色相）的能力叫做着色（荧光）强度。

着色强度与渗透液中着色染料的种类（色别）、染料在渗透液中的溶解度有关。

荧光强度与荧光染料的种类、染料在渗透液中的溶解度以及入射的紫外线强度有关。

溶液浓度（染料在溶剂中的溶解度）越高，被显像剂吸附上来的染料分子数越多，缺陷的迹痕显示越清晰。

渗透液的临界厚度

这是着色（荧光）强度的度量指标之一，是指被显像剂所吸附上来的渗透液厚度达到某一定值时，若再增加厚度，该渗透液的着色（荧光）强度也不再增加，此时的液层厚度称为渗透液的临界厚度。

渗透液的临界厚度越小，着色（荧光）强度越大，缺陷显示越容易发现。

着色（荧光）渗透液的吸光度（消光值）

这也是着色（荧光）强度的度量指标之一，表征光线通过有色溶液后部分光线被溶液吸收使透射光强度减弱的程度，其表示形式用消光值或消光系数 K（入射光强 I_0 与透射光强 I 之比的常用对数值）。K 值越大，着色（荧光）强度越大，缺陷显示越清晰。

消光系数 K 与渗透液中染料的浓度及光线所透过的液层厚度的乘积成正比，可表达为：$K = \lg (I_0/I) = a \cdot C \cdot L$，式中：$K$ 为消光系数；I_0 为入射光强；I 为透射光强；a 为比例系数；C 为渗透液中染料的浓度；L 为光线所透过的液层厚度。

溶液的消光值一般用比色光度计测定。

荧光渗透液的荧光发光效率

这是指荧光染料吸收紫外线转换成可见荧光的效率，直接影响荧光强度的大小。

荧光渗透液发光时从可见光内测定的荧光强度与被检零件表面测定的紫外线强度、荧光染料的有效浓度、荧光染料的消光系数、荧光渗透液的膜层厚度以及染料系统所产生的可见光量相关。

荧光渗透液发光时各变量的关系可表达为：$I_f = \Phi I_0 (1 - e^{-KCX})$，式中：$I_f$ 为可见光内测定的荧光强度；I_0 为被检零件表面测定的紫外线强度；C 为荧光染料的有效浓度；K 为荧光染料的消光系数；X 为荧光渗透液的膜层厚度；Φ 为染料系统所产生的可见光量。K、C、X 值增大时，发光效率提高即荧光增大。但 X 值增加到一定厚度时，由于自熄作用，荧光强度不再增加。

表 11 常用荧光材料的颜色和波长

材料名称	发光颜色	荧光波长（nm）
煤油	浅蓝色	240～400
煤油 85%	蓝白色	
航空煤油 15%	蓝白色	
荧蒽	浅黄绿色	550～580

续上表

材料名称	发光颜色	荧光波长（nm）
荧光增白剂 PEB	青色	
荧光黄染料 YJP – 1	黄绿色	~550
荧光黄染料 YJP – 2	黄绿色	~550
荧光黄染料 YJP – 43	黄绿色	~550
荧光黄染料 YJP – 15	黄绿色	~550

理想的渗透液应具备的性能主要包括：

（1）渗透力强，容易渗入到零件表面细微的开口缺陷中去；

（2）具有较好的截留性能，能较好地停留在表面开口的缺陷中，即便是浅而宽的开口缺陷中的渗透液也不容易从缺陷中被清洗出来；

（3）清洗性能好，多余的渗透液容易从被覆盖的零件表面清除掉；

（4）不易挥发，不会很快地干涸在零件表面和缺陷内部；

（5）有良好的润湿显像剂的能力，容易从缺陷中被吸附到显像剂的表面而显示出来；

（6）有鲜明的荧光和足够的荧光亮度（荧光渗透液）或鲜艳的颜色（着色渗透液）；

（7）稳定性能好，在热、光作用下保持稳定的物理化学性能，不褪色、不容易受酸、碱、盐类影响，不易分解、沉淀或混浊；

（8）闪点高，不易着火，对人体无毒害，不污染环境；

（9）有较好的化学惰性，用于检查镍基合金的渗透剂应控制硫、氯元素的含量以防止发生氢脆，检查钛合金的渗透液应控制氟、氯元素的含量以防止应力腐蚀，检查与氧或液氧接触的试件时，渗透液应表现为惰性，对被检零件和盛装容器无腐蚀；

（10）价格便宜、经济性好；

……等。

实际应用中，任何一种渗透液都不可能完全达到理想状态，只能尽量符合实际应用的需要而突出某些特点，例如后乳化型渗透液突出了对浅而宽的开口缺陷有较好的截留性能，水洗型渗透液突出了良好的清洗性能等。

渗透液的主要组分包括染料、溶剂、辅助剂（表面活性剂、互溶剂、稳定剂、增光剂、乳化剂、抑制剂、中和剂等）。

染　料

着色染料多采用暗红色染料，因为暗红色与显像剂形成的白色背景能获得较高的对比度。着色染料有油溶型、醇溶型和油醇混合溶解型三大类，渗透检测应用的着色渗透剂较多采用油溶型着色染料，如苏丹红 IV（合成型偶氮染料类）、刚果红、烛红、油溶红（油基红）、荧光桃红、丙基红、罗丹明 B 等，其中又以偶氮系染料中的苏丹红 IV 最常用，其化学名称为偶氮苯·偶氮 $-\beta$ 萘酚，其分子式为 $C_6H_5N_2 \cdot COH_4 \cdot N_2 \cdot C_{10}H_6(OH)$，可溶于乙醇、煤油、润滑油等溶剂中呈暗红色。

偶氮染料在特殊条件下，与人体皮肤长期接触后，会与人体代谢过程中释放的成分混合而发生还原反应，形成致癌的芳香胺化合物，这种化合物会被人体吸收，经过一系列活化作用使人体细胞的 DNA 发生结构与功能的变化，引起人体病变和诱发癌症，对人体有害，目前从环保角度来说，着色渗透检测的染料苏丹红有被取代的趋势。

荧光染料常见的有荧光黄、荧蒽，以及中国科学院上海有机化学研究所合成的 YJP – 15 和 YJP – 1（两种都属于苝类化合物）、YJN – 68（萘酰亚胺化合物）、YJI – 43（咪唑化合物）和 MDAC（香豆素化合物）等，其中以苝类化合物和萘酰亚胺化合物最具有荧光强、色泽鲜艳，对光和热稳定性较好的优点。

不同种类的荧光染料在黑光照射下可激发出不同波长的荧光，并有不同的发光强度，此外，还与所使用的溶剂及荧光染料的浓度相关。例如，在渗透检测中最常应用的荧光染料 YJP – 15 溶解在氯仿中时受到黑光辐照将发出强的黄绿色荧光，但在石油醚中却发出绿色荧光，而且荧光强度弱于前者。

在一定范围内，荧光渗透液的荧光强度会随荧光染料的浓度增大而增加，但是浓度达到一定的极限值时，荧光强度不会再继续增强，为了尽可能地提高荧光强度，常常在荧光渗透剂中加入两种或两种以上的荧光染料，利用荧光染料的串激作用来增强发光强度。

一种荧光染料受紫外线照射后激发出荧光的波长如果正好与另一种荧光染料的吸收光谱的波长相一致时，就能够促使后者吸收前者发出的荧光而本身激发出荧光，这种现象称为荧光染料的串激作用，利用这样的串激发光作用可以用一种荧光染料增强另一种荧光染料的荧光强度，达到增强荧光渗透液发光强度的目的。

例如，荧光染料 MDAC 在黑光照射下激发出波长 425~440nm 的蓝紫色光，恰好与荧光染料 YJN68 的吸收光谱 430nm 相重合，结果是 YJN68 吸收该波长 425~440nm 的蓝紫色光而激发出 510nm 的绿色荧光，这样，由于串激发光作用使得 YJN68 在黑光照射下能激发出更明亮的黄绿色荧光。

又如在荧光黄染料 YJP-1、YJP-15 和 YJP-35 中加入 PEB（塑料增白剂，本身也是荧光物质，在黑光下发出青色光）、MDAC、DT 或 YJI-43，则它们的荧光强度显著增强，在荧光黄染料 YJN-42、YJN-47 和 YJN-68 中加入 DT、MDAC 后，其荧光强度也有显著增强。

溶 剂

溶剂起到溶解染料和渗透的作用，在多数情况下，需要将几种溶剂组合使用以求平衡各种成分的特性。在渗透剂的溶剂中可分为基本溶剂（主要用于充分溶解染料和渗透）和稀释溶剂（作为辅助剂，用于调节渗透液的粘度、流动性以及降低成本）两类，两者的结合情况将直接影响渗透液的粘度、表面张力和润湿能力等特性。

在实际配制渗透剂时，一般依据"化学结构相似相溶"法则来选择合适的溶剂，这是指溶质和溶剂分子的化学结构越类似或相似，就越能互相溶解，如果溶剂的分子结构与染料的分子结构不太相似时，则需要经过实际溶解试验，确认染料与溶剂有良好的互溶性才能选用。例如煤油（特别是闪点可高达93℃的无味煤油）就是常用的基本溶剂。

如图 8 所示，着色渗透剂最常用的染料之一是苏丹红（苏丹红 IV），其分子结构中含有多个苯环，因此容易溶于有机溶剂，特别是在苯中能达到最大的溶解度。

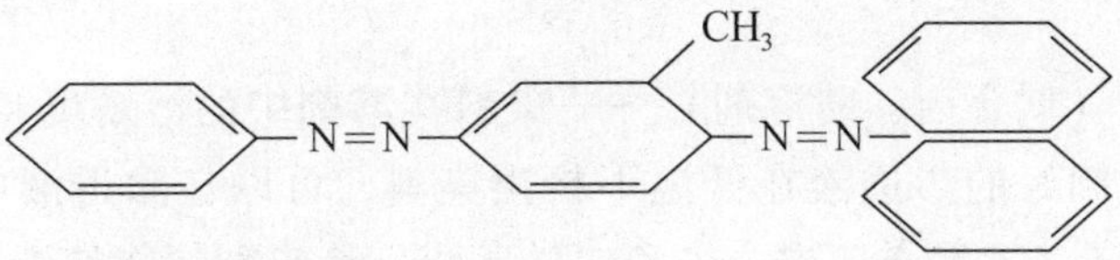

图 8　苏丹红（苏丹红 IV）染料的分子结构

如图 9 所示，着色渗透剂最常用的染料之一是烛红，其分子结构与水杨酸甲酯（见图 10）和苯甲酸甲酯（见图 11）的分子结构式很相似，因此这两种溶剂对烛红的溶解能力就较强。

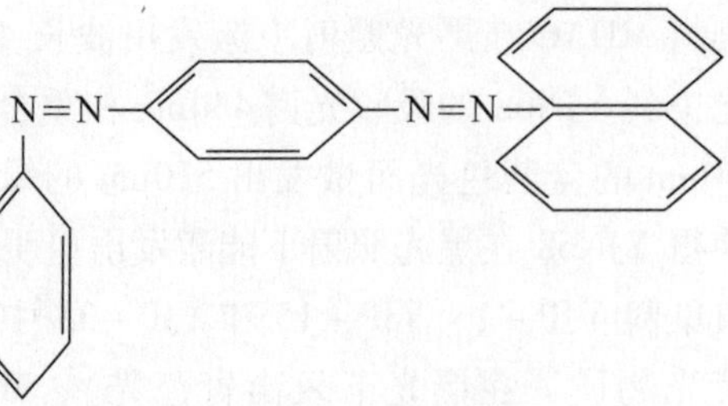

图 9　烛红染料的分子结构

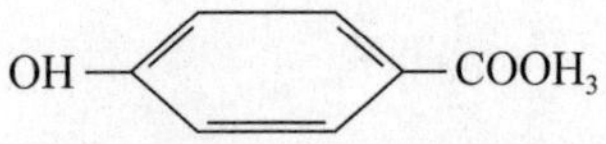

图 10　水杨酸甲酯的分子结构 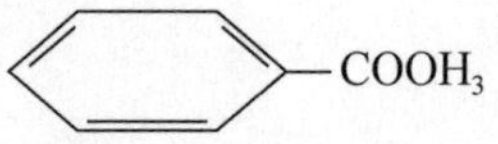　　　　图 11　苯甲酸甲酯的分子结构

辅助剂

辅助剂在渗透液中起到辅助作用以改善渗透液特性，如：

润湿剂（表面活性剂）——用于降低渗透液的表面张力，增强渗透液的对被检零件的润湿能力。

互溶剂（中间溶剂）——由于渗透力强的溶剂可能对染料的溶解度不够，或者未必能得到理想的颜色或荧光强度，加入这种能与渗透性能好的溶剂互溶的中间溶剂后，将能良好地促进染料的溶解。例如邻苯二甲酸二丁脂能增加染料在煤油中的溶解度，又能在较低温度下使染料不致析出，而且还可以调节渗透液的粘度和沸点，减少渗透液的挥发，因此是常用的互溶剂。

稳定剂（偶合剂、助溶剂）——染料在溶剂中的溶解度与温度有关，为了避免配制好的渗透液在低温下析出染料，可以在渗透液中加入稳定剂，常用的有乙二醇单丁醚、二乙二酸丁醚，稳定剂还能使渗透液具有较好的乳化性、清洗性和互溶性。

增光剂（增白剂）——用于增强染料的色泽度以提高对比度。

乳化剂——用于水洗型渗透液，使得渗透液可以直接被水清洗掉。

抑制剂——用于调整渗透液的挥发性。

中和剂——用于调整渗透液的酸碱度，使渗透液的 pH 值呈中性。

……等。

在渗透液的配制中，要使各种成分相互充分溶解是非常重要的，但是要注意"化学结构相似相溶"只是经验法则，并不是绝对的，存在一定的局限性。有些物质的分子结构似乎相似其实却并不能互溶，例如硝基甲烷不能溶解硝化纤维，氯乙烷不能溶解聚氯乙烯等。

对于分子结构具有极性的物质，如果极性相似，彼此也容易相互溶解，例如醋酸在水中溶解度就很大，水和乙醇都含有羟基，都有极性，因此可以良好相溶。有极性的溶剂能溶解有极性的物质，例如水的极性很强，因此可以溶解一般的无机酸、碱、盐（多数的无机酸、碱、盐都为极性物质或离子性物质），而大多数的有机溶剂没有极性或者极性很弱，因此不能溶解无机物质，例如苯（没有极性）几乎不溶于水，许多无机酸、碱、盐也难以溶于有机溶剂。

非极性溶剂可以溶解非极性物质，例如苯和甲苯就可以良好互溶。

综上所述，在选择渗透液配方时，为了满足渗透液所需要的各项性能，最重要的还是以实际试验验证为准。

表 12　国内典型渗透液配方

水基荧光渗透液	
荧光物质 – 增白洗衣粉	适量
溶剂、渗透剂 – 水	100%
水洗型（自乳化型）荧光渗透液 – 1	
溶剂、渗透剂 – 煤油（无味煤油），也可以用 5#机械油	31%
互溶剂 – 邻苯二甲酸二丁脂	19%
助溶剂、稳定剂 – 乙二醇单丁醚	12.5%
乳化剂 – MOA – 3	12.5%
乳化剂 – TX – 10	25%
荧光染料 – YJP15	4g/L
荧光增光剂 – PEB（塑料增白剂）	11g/L
水洗型（自乳化型）荧光渗透液 – 2	
溶剂、渗透剂 – 10 号变压器油	66%
溶剂 – 邻苯二甲酸二丁脂	17%

续上表

乳化剂 – 三乙醇胺油酸皂	2%
乳化剂 – MOA – 3	9%
乳化剂 – 6502	6%
荧光染料 – YJP – 43	2g/L
水洗型（自乳化型）荧光渗透液 – 3	
溶剂、渗透剂 – 煤油（无味煤油），也可以用5#机械油	53.3%
溶剂 – 邻苯二甲酸二丁脂	13.5%
乳化剂 – MOA – 3	6.6%
乳化剂 – 三乙醇胺油酸皂	26.6%
荧光染料 – YJP15	1.2 g/L
荧光增光剂 – PEB（塑料增白剂）	2.7 g/L
水洗型（自乳化型）荧光渗透液 – 3	
溶剂、渗透剂 – 煤油	- - - -
互溶剂 – 邻苯二甲酸二丁脂	- - - -
助溶剂、稳定剂 – 乙二醇单丁醚	- - - -
乳化剂、润湿剂 – 表面活性剂	- - - -
荧光染料 – YJP15，YJN – 68（串激发光）	- - - -
荧光增白剂 – MDAC，PEB	- - - -
后乳化型荧光渗透液 – 1	
溶剂、渗透剂 – 煤油（无味煤油），也可以用5#机械油	25%
互溶剂 – 邻苯二甲酸二丁脂	65%
润湿剂 – LPE305（表面活性剂）	10%
荧光染料 – YJP15	4.5g/L
荧光增光剂 – PEB	20g/L
后乳化型荧光渗透液 – 2	
溶剂、渗透剂 – 煤油	- - - -
互溶剂 – 邻苯二甲酸二丁脂	- - - -
润湿剂 – 表面活性剂（TX – 10、JFC 和水组成）	- - - -
荧光染料 – YJP15，YJN – 68	- - - -
荧光增光剂 – MDAC，PEB（串激发光）	- - - -

续上表

后乳化型荧光渗透液 – 3	
荧光染料 – YJP1	2 g/L
溶剂 – 二甲苯	25%
溶剂 – 邻苯二甲酸二丁脂	12.5%
渗透剂 – 石油醚	62.5%
荧光增光剂 – PEB	1 g/L
后乳化型荧光渗透液 – 4	
渗透剂 – 煤油（无味煤油），也可以用 5#机械油	10%
溶剂 – 邻苯二甲酸二丁脂	80%
润湿剂 – LPE305（表面活性剂）	10%
荧光染料 – YJP15	8.5 g/L
荧光增光剂 – PEB	
溶剂去除型荧光渗透液	
荧光染料 – YJP1	2.5g/L
溶剂、渗透剂 – 煤油（无味煤油）	85%
荧光增光剂 – 航空滑油	15%
水基着色渗透液	
染料 – 刚果红（酸性染料）	24g/L
溶剂、渗透剂 – 水	1L
中和剂 – 氢氧化钾（KOH）	4 ~ 8g/L
润湿剂 – 某种表面活性剂	24g/L
注：染料刚果红可溶于热水，并且具有酸性，故用氢氧化钾中和	
水洗型（自乳化型）着色渗透液	
染料 – 油基红（油溶红）	12g/L
溶剂 – 二甲基甲萘	15%
溶剂、渗透剂 – 200 号溶剂汽油	52%
溶剂 – α – 甲基萘	20%
助溶剂 – 萘	10g/L
乳化剂 – 吐温 – 60	5%
乳化剂 – 三乙醇胺油酸皂	8%

续上表

注：吐温－60为亲水性较强的乳化剂，能产生凝胶现象；汽油、二甲基甲萘、α－甲基萘都有增加凝胶现象的作用	
后乳化型着色渗透液	
染料－苏丹红Ⅳ	8g/L
渗透剂－乙酸乙酯	5%
溶剂、渗透剂－航空煤油或无味煤油	60%
溶剂、渗透剂－松节油	5%
增光剂－10号变压器油	20%
助溶剂－丁酸丁酯	10%
溶剂去除型着色渗透液－1	
染料－苏丹红Ⅳ	10g/L
溶剂－苯或萘	20%
渗透剂－煤油（无味煤油）	80%
溶剂去除型着色渗透液－2（HD－RS－25配方）	
第一种染色剂：溶剂－异丙醇2ml 助溶剂－无水乙醇6ml 染料－荧光桃红	荧光桃红经乙醇助溶后再与异丙醇相溶，丙基红、苏丹红Ⅳ均由OT助溶，然后两种染色剂混合组成色深较高的复合染色剂，最后加入少量邻苯二甲酸二丁脂作抑制剂。
第二种染色剂：助溶剂－OT 1ml 染料－丙基红 染料－苏丹红Ⅳ 抑制剂－邻苯二甲酸二丁脂1ml	
溶剂去除型着色渗透液－3（HD－RS－42配方）	
第一种染色剂：荧光桃红 无水乙醇6ml 二乙二酸丁醚13ml OT 6ml	OT、乙醇、水杨酸异戊脂、饱和煤油分别为各染料的基本溶剂，各自充分溶解达到饱和，组成三种染色剂，然后经二乙二酸丁醚和OT的表面活性作用，使三种染色剂混溶于饱和煤油，邻苯二甲酸二丁脂作抑制剂。
第二种染色剂：油溶红 苏丹Ⅳ 水杨酸异戊脂25ml OT 6ml	
抑制剂－邻苯二甲酸二丁脂	
第三种染色剂：丙基红 苏丹Ⅳ OT 4ml 饱和煤油30ml	

续上表

水洗型着色荧光渗透液配方 1	
配方 1 荧光着色染料 – 罗丹明 B　50g/L 主溶剂 – 无水乙醇 65% 助溶剂 – 乙二醇 34% 保护剂 – 火棉胶（5%）1% 乳化剂 – 100#浓乳	配方 2 荧光着色染料 – 罗丹明 B　50g/L 溶剂 – 无水乙醇 65% 助溶剂 – 乙二醇 10% 保护剂 – 火棉胶（5%）25% 乳化剂 – 100#浓乳
注：罗丹明 B 为醇溶性生物染色制剂，属于荧光着色染料，呈紫红色粉末状，极易溶于乙醇和水，稀释溶液在黑光下呈现强烈的金红色荧光，在白光下呈现鲜艳的紫红色；助溶剂乙二醇具有闪点高（118℃）、挥发速度较低的特点，可以弥补乙醇易挥发、闪点低和渗透能力较弱的不足；保护剂火棉胶的作用是防止"过清洗"。	

§2.2.2　清洗剂（去除剂）

渗透检测中，完成渗透工序后用来除去被检零件表面多余渗透液的溶剂称为去除剂或俗称的清洗剂。清洗所依据的原理是"化学结构相似相溶"法则，即化学结构相似的溶剂和溶质可以互溶。最常用的去除剂有水，乳化剂 + 水，有机溶剂。

乳化剂：渗透检测中使用乳化剂的目的是乳化不溶于水的渗透液，使被检零件表面上多余的渗透剂便于用水清洗掉。

乳化剂的粘度、浓度对渗透检测工艺中对渗透液的乳化能力和乳化速度、可去除性、乳化剂的槽液寿命有很大关系，特别是对乳化时间的控制影响很大，在工艺上要避免乳化不足而导致难以清洗，导致显像时的背景不良，而且使被检测工件拖带损耗增大，更重要的是要避免过乳化而导致缺陷内的渗透液也变成容易被水洗去，从而降低检测灵敏度。

亲水性乳化剂的粘度一般比较高，使用时需要加水稀释，一般应根据被检零件的大小、数量以及表面粗糙度等情况，通过试验选择最佳的乳化剂浓度和乳化时间，或者按照乳化剂制造厂推荐的浓度（一般推荐浓度为 5% ~20%）和乳化时间实施。

亲油性乳化剂一般无需稀释，可以直接使用。

渗透检测中应用的乳化剂其综合性能要求：

（1）乳化效果好，易于清洗；

（2）抗污染能力强，受少量水或渗透液污染不会降低乳化性能；

（3）粘度、浓度适中（可在乳化剂中加入少量添加剂调节），润湿性好（可在乳化剂中加入少量润湿剂），使乳化时间合理，便于操作；

（4）稳定性好，在储存和使用中不受光、热影响；

（5）具有良好的化学惰性，不会引起被检零件或盛装容器腐蚀或变色；

（6）对人体无害、无毒、无不良气味；

（7）闪点高、挥发性低；

（8）与渗透液颜色有明显区别；

（9）凝胶作用强；

（10）废液及污水处理简便。

乳化剂的选择原则：主要根据 $H.L.B$ 值选择，或者根据 $H.L.B$ 值并结合其他方法（如离子型，相似相溶原则）选择。

选用乳化剂时应注意与所用渗透液为相同组族（渗透材料制造厂一般都会给予说明）以及了解所用乳化剂的使用环境和使用方法等要求。

§2.2.3　显像剂

渗透检测最常用的显像方式有干式显像、湿式显像和自显像三大类。

干式显像使用干式显像剂（干粉显像剂）。

湿式显像最常使用的显像剂是溶剂悬浮型显像剂和水悬浮型显像剂，此外还有水溶性显像剂、溶剂溶型湿显像剂、塑料薄膜显像剂、化学反应型显像剂。

显像剂的性能主要包括显像粉末的粒度，干粉显像剂的密度，悬浮型显像剂中显像粉末在载液中的沉降速率和分散性，湿式显像剂载液的润湿能力，以及显像剂的腐蚀性，毒性等。

显像剂应具备的综合性能包括：

（1）显像粉末的颗粒应足够细微均匀，颗粒越细微越有利于增强吸附作用；

（2）对被检零件表面有一定的粘附力，有良好的遮盖性，能容易地在被检零件表面形成均匀的微薄覆盖层，能尽可能多地遮盖被检零件表面的光泽和本底颜色，从而形成良好的背景，满足对比度要求，并能将缺陷显示迹痕的宽度扩展到足以用肉眼观察；

（3）吸湿能力强（能构成良好的毛细管通路），吸湿速度要快，能很容易被缺陷处的渗透液润湿并能吸出足够的渗透液显示为清晰的缺陷迹痕；

（4）用于荧光渗透检测法的显像剂本身在黑光照射下应不发荧光，也不会损害渗透液的荧光强度（减弱荧光亮度），不能影响缺陷显示迹痕的观察。用于着色渗透检测法的显像剂应对光有较大的反射率（白度要高），对着色染料无消色作用（不损害着色染料的色度），能与红色的缺陷迹痕形成良好的背景对比，以便获得较大的对比度；

（5）对被检零件和存放容器无腐蚀（特别是硫、钠、氯、氟等元素会对镍基合金、钛合金、不锈钢等材料造成腐蚀，必须严格控制其含量，一般要求应不大于1%）；

（6）无毒、无异味，对人体无害；

（7）使用方便；价格便宜；

（8）检验完毕后容易从被检零件上清除，亦即容易做后处理。

显像剂的功能原理：

显像粉末的颗粒非常细微，在被检零件表面铺展成均匀薄层的时候能形成许多直径非常小而且很不规则的毛细管通路，通过毛细作用（吸附作用）将缺陷中的渗透液吸附到被检零件表面，形成肉眼可见的缺陷显示迹痕。

由于毛细作用，缺陷显示迹痕也会在被检零件表面上适度横向扩展，形成放大的缺陷迹痕以便于观察。

显像粉末在被检零件表面的铺展同时形成与缺陷显示迹痕有较大反差的背景，可以提高检测灵敏度（增大了对比度和可见度）。

因此，显像剂的显像原理与渗透液进入表面缺陷的原理一样，同样是由于毛细管作用，来源于液体和固体表面分子间的相互作用。

常用的显像粉末有氧化镁、氧化锌、二氧化钛（钛白粉）、碳酸镁等，通常禁止使用二氧化硅粉末，因为其被吸入人体肺内容易引发矽肺病。

干式显像法应用干粉显像剂，多用于荧光渗透检测，最常用的是氧化镁粉。

干粉应该是白色、轻质（使用状态的密度应该 $<0.075 g/cm^3$，运输包

装状态下的密度应该 <0.13g/cm³）、干燥松散（松散性体现显像粉的干燥程度）、粉末颗粒细微（常用粒度为 1~3μm）。

对干粉显像剂的干粉有粒度、密度或松散度以及在黑光照射下有无荧光的检查要求。

干粉显像剂的施加方法包括粉槽埋入法、鼓风喷粉法、静电喷涂法等。

在使用干粉显像法时，应特别注意通风以避免吸入干粉到人体内造成伤害（应戴防护口罩）。与湿式显像法相比较，干式显像法的干燥粉末具有较强的吸湿能力和显像速度，而且只附着在缺陷部位，在背景上渗透液能分开显示出相互接近的缺陷，即使经过一段时间后，缺陷轮廓也不散开（缺陷显示迹痕的横向扩展有限），仍能显示出清晰的迹痕图像，因此能得到较高的分辨率和检测灵敏度。

湿式显像法最常用的是溶剂悬浮型显像剂（压力喷罐型）和水悬浮型显像剂（检测灵敏度较低），即将显像粉末（吸附剂）按一定比例加入载液（挥发性有机溶剂或水）中配制而成。湿式显像法所用的显像粉末有粒度要求（有资料介绍湿式显像应用的显像粉末颗粒为 0.25~0.7 微米较好）、悬浮性（显像粉末在载液中的分散性、沉淀速率或称沉淀率）要求（使用前要求搅拌和摇动均匀），载液对被检零件表面的润湿性要求，以及溶剂型显像剂的干燥速度等。

湿式显像剂的施加方法常见有压力喷罐喷涂、压力喷枪喷雾喷涂、手工刷涂、静电喷涂等。施加湿式显像剂时应特别注意通风以避免吸入有机溶剂气雾蒸汽到人体内造成伤害。

湿式显像法得到的缺陷迹痕图像在较长时间放置后会扩展散开，迹痕的形状和大小都会发生变化，例如对细微密集的缺陷（例如弧坑裂纹、磨削裂纹等）迹痕就会显示为一团或一片而无法分辨，因此，湿式显像法的缺陷分辨率低于干式显像，在实际检测应用中需要限制显像观察时间。

但是，溶剂型显像剂对缺陷中的渗透液有溶解作用，有利于加强吸附能力，有机溶剂挥发快，缺陷显示迹痕的速度快，缺陷显示迹痕扩散小，分辨率高，所以溶剂悬浮型显像剂又称速干式显像剂，这些也是溶剂型显像剂的优点。

湿式显像剂中通常还加有润湿剂（表面活性剂，改善对被检零件表面的润湿性）、分散剂（帮助显像粉末在载液中得到良好的悬浮性，防止显像粉末沉淀结块）、限制剂（限制显示迹痕扩散以保障分辨率，常用的限制剂如火棉胶、醋酸纤维素或糊精、过氯乙烯树脂），以及防锈剂（用于水基湿式显像剂）和帮助去除的溶剂（便于检验完成后容易从被检零件表面清除显像剂）。

湿式显像剂的酸碱度（pH）通常为弱碱性，对一般钢制零件不会造成腐蚀，但是长时间残留在铝、镁合金零件上时容易引起腐蚀麻点，因此，渗透检测完成后应及时进行后清理。

悬浮型湿式显像剂中的显像粉末浓度是有要求的，应该控制在适当比例，如果浓度过高，容易造成显像膜层太厚，遮蔽了小缺陷显示（缺陷内的渗透液太少，无法穿越显像剂膜层到达表面），而且造成后清理困难，浓度过低则难以形成均匀的、覆盖性良好的显像膜层，不能形成良好的缺陷显示。

水溶性湿式显像剂是采用可溶于水的白色粉末作为显像粉末，将显像粉末溶解在作为溶剂的水中，避免了悬浮型显像剂容易沉淀、结块导致显像不均匀的缺点。

水溶性湿式显像剂涂敷到被检零件表面上后，显像剂中的水分蒸发，作为溶质的显象粉末析出，在被检零件表面上形成与表面结合较紧密的白色显像膜层，仍然利用毛细现象达到显示缺陷的目的。这种方式在应用中需要在施加显像剂后实施专门的干燥工序以加快显像剂中的水分蒸发。

水溶性湿式显像剂中需要添加适当的润湿剂、防锈剂、限制剂等（通常将显像干粉、防锈剂、润湿剂、限制剂混合成水溶型显像粉剂，使用时只需按比例将其加到水中溶解后即可使用），在渗透检测完成后也容易进行后清洗。

水溶性湿式显像剂具有不可燃、使用安全的优点，适用于防火防爆要求高、不能应用有机溶剂渗透检测材料的场合，但是由于有溶质析出过程而导致检测灵敏度较低。

溶剂溶型湿显像剂的显像方法原理与水溶性湿式显像剂相同，只是溶剂不是水，而是有机溶剂，采用可溶于有机溶剂的白色粉末作为显像粉末。

溶剂溶型湿显像剂涂敷在被检零件表面后，有机溶剂挥发很快，不需要专门的干燥工序。

溶剂溶型湿显像剂的载液是有机溶剂，在使用中应特别注意防火安全，由于有溶质析出过程，因此其检测灵敏度也较低，并且还要注意防止吸入有机溶剂蒸气造成对人体的伤害。

塑料薄膜显像剂主要由非溶性显像粉末悬浮在透明清漆（或胶状树脂载液）中，添加有高挥发性溶剂作稀释剂，显像并干燥后能在被检零件表面形成可剥离的薄膜，便于将带有缺陷显示迹痕的薄膜作永久保存。

化学反应型显像剂为无色显像液，与配套的化学反应型渗透液接触时将会发生化学反应，在白光下呈现红色，在黑光下发出荧光。因为存在化学反应过程，其检测灵敏度较低。

表 13　湿式显像剂的典型配方

水溶性显像剂	
溶剂－水	100%
润湿剂－某种表面活性剂	0.1～1g/L
限制剂－糊精（又称化学浆糊，羧甲基纤维素，强力 CMC）	5～7g/L
显像粉末－可溶于水的白色粉末	60g/L
水悬浮型显像剂	
显像粉末－氧化锌	60g/L
载液－水	1L
润湿剂－某种表面活性剂	0.1～1g/L
限制剂－糊精	5～7g/L
溶剂悬浮型显像剂－1	
显像粉末－二氧化钛	50g/L
载液－丙酮	40%
限制剂－火棉胶（5%）	45%
稀释剂（溶解限制剂，调整载体粘度）－无水乙醇	15%
溶剂悬浮型显像剂－2	
载液－无水乙醇	100ml
稀释剂（调整载体粘度）－丙酮	60ml
溶剂－异丙醇	20ml
限制剂－硝化纤维素	2.5g/L
显像粉末－二氧化钛	16g/L
溶剂悬浮型显像剂－3	

续上表

显像粉末－氧化锌	50g/L
载液－二甲苯	20%
限制剂（限制显示迹痕扩散）－火棉胶（5%）	70%
稀释剂（调整载体粘度）－丙酮	10%
注：采用喷涂方法时可再加入 40～50ml 丙酮稀释。	
溶剂悬浮型显像剂－4	
显像粉末－氧化锌	50g/L
载液－丙酮	100%
限制剂（限制显示迹痕扩散）－醋酸纤维素	10g/L
注：醋酸纤维素在丙酮中完全溶解后再加氧化锌粉	

渗透剂、去除剂、显像剂构成了完整的渗透检测系统，这是一个特定的材料组合系统。在渗透检测中，有关渗透检测材料的使用应特别注意渗透检测材料系统的"同组族"概念：

所谓渗透检测材料的同族组，是指完成一个特定的渗透检测过程所必需的完整的一系列材料，包括渗透液、乳化剂、去除剂、显像剂等，除了它们各自必须具备独立的能够满足检测要求的性能外，作为一个整体，它们还必须是相互兼容的，才能满足检测灵敏度的要求。

一般而言，同一渗透材料制造厂提供的同一品牌型号的产品是属于同组族的渗透检测材料，不同厂家或不同品牌型号的渗透检测材料就不是同组族的，不能混用，如确需混用，则必须经过严格的验证，确保它们能相互兼容，其检测灵敏度应能满足检测的要求。

选择渗透检测材料组合系统的原则是：检测灵敏度和可靠性应满足检测要求，根据被检零件的表面状态选择适当种类，在满足检测灵敏度要求的前提下尽量选择价格低，毒性小，易清洗，对被检零件无腐蚀，化学稳定性好，使用安全，不易着火的渗透检测材料组合系统。

§2.3　渗透检测设备

§2.3.1　渗透检测装置

渗透检测装置可分为固定式渗透检测装置和便携式压力喷罐型渗透检测装置两大类。

固定式渗透检测装置

固定式渗透检测装置通常以渗透检测流水线形式使用，一般多用于水洗型荧光渗透检测方法，根据渗透检测工序的需要设置有多个工位，主要包括预清洗、渗透、预水洗、乳化、最终水洗、干燥、显像、观察检验等。

预清洗装置

典型的预清洗装置如三氯乙烯蒸汽除油装置（清洗效果好，多用于重要零件的预清洗）、超声波清洗装置（利用大功率超声波在液体中的空化现象实施清洗）、酸洗＋水洗（多用于钢铁材料）和碱洗＋水洗（多用于铝、镁材料），以及专门适用的化学清洗等。

三氯乙烯蒸气除油：三氯乙烯是一种无色透明的中性有机化学试剂，沸点86.7℃，溶油能力比汽油强，加温使其处于蒸气状态时（蒸气密度可达4.54g/L），溶油能力更强。三氯乙烯除油装置就是利用三氯乙烯液体的蒸气去除被检零件上的油污。

除油装置槽的下部盛有三氯乙烯液体，底部装有加热器，使三氯乙烯液体加温达到87℃沸腾而产生三氯乙烯蒸气，被检零件放置在除油装置中部的格栅上（蒸气区），三氯乙烯蒸气由下而上经过被检零件，在零件表面冷凝而将零件表面的油污溶解掉。在除油过程中，被检零件表面的温度不断上升，一旦达到汽化温度时，除油过程即可结束。

经过被检零件继续上升的三氯乙烯蒸气遇到除油装置上部通水冷却的

蛇形管冷凝器，从而在冷凝器外壁冷凝成液体被回收重复使用。

三氯乙烯在使用过程中受热、光、氧的作用而容易分解或与污染物发生化学反应而呈酸性，在使用中要注意经常测量酸度值，避免三氯乙烯因呈酸性而腐蚀工被检零件。

用于钛合金工件时，在三氯乙烯液体中必须添加特殊的抑制剂，并在除油前对钛合金工件进行热处理，消除应力，防止产生腐蚀裂纹。

铝、镁合金工件在进行三氯乙烯除油后容易在空气中发生锈蚀，除油处理后应尽快浸入渗透液中。

橡胶、塑料或涂漆的工件不能采用三氯乙烯进行除油，因为这些工件会受三氯乙烯破坏。

吸入三氯乙烯蒸汽或皮肤沾上三氯乙烯液体对人体有害，特别是加热温度过高时，三氯乙烯还会分解出剧毒气体，因此在进行三氯乙烯除油操作时要注意防止过多的三氯乙烯蒸气逸出槽外（除油装置上部装设有活动的密封盖板和抽风通道），应注意及时添加三氯乙烯液体，防止加热器露出三氯乙烯液面导致过热而产生剧毒气体。

三氯乙烯除油装置的使用过程中应该采取严格的安全保护措施，现场禁止吸烟，保证良好通风，防止吸入有毒气体，保持油槽清洁，进入三氯乙烯除油装置进行清洗的零件不能带有过多的油污及屑末等，并且应该是干燥的。

由于三氯乙烯蒸气有毒，目前已逐渐被低毒的三氯乙烷代替。

超声波清洗的原理是利用超声换能器把高频电振荡信号转换成高频机械振动波发射到液体介质（常用化学溶剂或水作为清洗剂）中，这种机械振动以纵波（疏密变换）模式辐射时，能使液体分子位移，产生大量的微小缝隙（气泡），随着超声波频率瞬间形成、生长，又瞬间闭合（气泡破裂），这种现象称为"空化现象"，在气泡破裂的瞬间有高压冲击力产生，连续不断的瞬间高压冲击到置于槽中液体内的工件表面，能够使工件表面及缝隙中的污垢迅速剥落，达到工件表面净化的目的，犹如大量肥皂泡在人脸上破裂时有冲击感觉一样。

在美容业界使用的超声波洁面装置，在手表行业的机械手表超声波洗油，在眼镜行业的超声波清洗眼镜等都是利用了超声波在液体中的"空化现象"。如果超声波功率足够强大，还可以用于去除工件上的毛刺及除锈。

渗透装置

主要包括渗透液浸槽（将被检零件浸入渗透液中，不用时可加盖防止渗透液挥发和被污染）或者渗透液喷淋装置（被检零件置于木质格栅上，有多个喷头将渗透液喷淋到被检零件上，下部有渗透液回流槽）、零件渗透完成后进入清洗或乳化工序前搁置的滴落架（让零件上多余的渗透剂滴落回收再用），也可以采用静电喷涂的方式使被检零件被渗透液涂敷（一般用于大型零件）。

预水洗装置

用于采用亲水性乳化剂的后乳化型渗透检测方法。被检零件完成渗透后预先用水进行初步清洗，然后再进行乳化处理（浸涂），目的是有助乳化均匀和减少对乳化剂的污染与消耗，预水洗多采用喷淋清洗方式。注意有水温、水压控制要求。

乳化装置

用于后乳化型渗透检测方法时对被检零件进行乳化处理，多采用液浸槽方式。乳化槽中需配搅拌器（最好是桨式搅拌器）以便在不作乳化操作时搅拌槽中乳化液达到成分均匀，但是，在乳化操作时不允许开动搅拌器以防止乳化时间无法控制以致发生过乳化，也不允许使用压缩空气进行搅拌，防止产生乳化剂泡沫导致乳化不均匀。

最终水洗装置

可以采用水洗槽（带压缩空气搅拌的漂流水）方式、喷淋（喷水淋洗或压缩空气与水混合喷洗）方式等，用于按水洗型渗透检测方法完成渗透工序后的零件，或者后乳化型渗透检测方法完成乳化处理后的零件，作为显像前的最终水洗，目的是去除被检零件表面多余的渗透剂。最终水洗应用较多的是喷淋清洗方式，注意有水温、水压控制要求。

干燥装置

用于完成水洗工序的被检零件表面干燥，多采用热风循环干燥室（炉）＋室温下干燥（冷却），也有采用经过滤的干燥清洁的压缩空气喷吹，注意有温度和干燥时间控制要求。

显像装置

对于干式显像可采用显像粉槽（一般用于较小的零件，直接快速浸没到显像干粉中再快速取出）、鼓风喷粉柜（使零件处于弥漫飞舞的显像干粉中再快速取出，一般用于较大型的零件）和静电喷涂（将显像剂成雾状包围涂敷到零件表面，一般用于大型零件）。对于湿式显像法可采用显像液槽、静电喷涂、气雾喷涂（压力喷罐）等方式。

图 12 所示荧光渗透检测流水线系统由若干个功能槽、管路、自动控制系统等组成，包括超声波清洗 1、水箱、气泡清洗、多功能清洗 1、烘干 1、渗透、滴落、乳化、多功能清洗 2、补洗、烘干 2、喷粉、超声波清洗 2、防护槽、检验等多个工位。采用 PLC 控制，操作面板可显示及设定各槽的工作状态及工作时间，并按预先设定自动进行计时及启动所控制的工作终端，当达到设定工作时间，控制部分在各槽的按钮盒上发出报警信号，同时指示灯闪亮，提示操作人员，各槽的温度可人工进行设定。

图 12　盐城市迅达探伤工程有限公司的 XD – 1500 * 1500 型
荧光渗透检测流水线

图 13 为在实验室应用的小型荧光渗透检测流水线。

静电喷涂方式是最先进的工艺，静电喷涂装置的静电发生器产生静电高压（高达负 60 ~ 负 100kv）施加在被检零件与喷枪喷嘴之间，把被检零件接地作为阳极，喷枪喷嘴为阴极，喷枪喷嘴喷涂时，带负电的渗透液（或显像剂）从喷嘴中喷出，使喷出的渗透液或显像剂在负高压静电场的作用下，由于静电吸引（异性相吸），渗透液或显像剂将被均匀地吸附到距喷嘴最近的被检零件表面上。

图 14 为德国 CHEMETALL 集团 ARDROX 移动式静电喷涂系统。图 15

示出了飞机轮毂静电喷涂荧光渗透液和显像剂的现场。

图 13　德国小型荧光渗透检测流水线

图 14　德国 CHEMETALL 集团 ARDROX 静电喷涂系统

静电喷涂渗透　　　　　　　　　　静电喷涂显像

图15　飞机轮毂静电喷涂荧光渗透液和显像剂现场
（照片由深圳亨立实业有限公司提供）

静电喷涂法的优越性

（1）静电喷涂可以在现场操作，被检零件不用移动（特别是对于大型工件更为适合），也不需要渗透液槽和显像粉柜等一系列容器，大大节约占地面积；

（2）由于负高压静电场的作用，渗透液（或显像剂）有70%以上都能够吸附在被检零件上，大大减少渗透液（或显像剂）的损耗；

（3）由于静电喷涂时，渗透液（或显像剂）能快速而均匀地覆盖在被检零件表面，检测速度和灵敏度得到相应提高；

（4）所有的渗透液（或显像剂）都是新的，一次性使用，没有循环使用问题，不存在渗透液（或显像剂）被污染的问题。

观察场地（检验观察室）

着色渗透检测的观察场地应有足够的可见光照明，一般要求被检零件表面的白光照度至少达到1000勒克斯。荧光渗透检测一般需要专门配备观察暗室，暗室内除了配备正常的白光照明外，在进行荧光渗透检测观察时

63

的环境白光照度应在 20 勒克斯以下，配备的黑光灯辐射在被检零件表面上的黑光强度至少应达到 $1000\mu W/cm^2$。

便携式喷罐型渗透检测装置

多用于现场应用的着色渗透检测、荧光渗透检测，常见为溶剂去除型，即包含渗透剂、溶剂清洗剂和溶剂悬浮型显像剂。

便携式着色渗透检测压力喷罐的商品化标准配置通常为 1 罐着色渗透剂，3 罐溶剂清洗剂和 2 罐溶剂悬浮型显像剂，一般均为 500ml 容量，并且内灌有气雾剂（如二氧化碳），也有大容量的便携式压力喷罐型渗透剂。喷罐结构如图 16 所示。

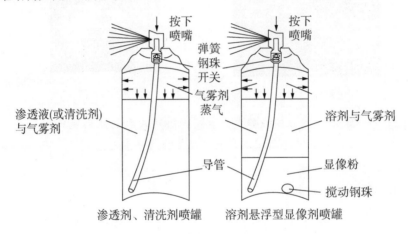

图 16　喷罐结构示意图

渗透产品举例

沪东中华造船（集团）有限公司上海船牌助剂有限公司生产的船牌 HD 系列着色渗透探伤剂符合美国 ASME 标准，包括标准 G 型，核工业级，普通级，水洗型，水洗、溶剂两用型，高温型。此外，还有主要用于液化天然气（LNG）运输船薄膜殷钢（INVAR）液货舱和核动力工程及其他类似要求的材料着色渗透检测的特种着色渗透探伤剂 H&Z – T。见图 17。

HG – 标准 G 型系列着色渗透探伤剂包括溶剂、水清洗两用型，溶剂型，水洗型；对工件无腐蚀；采用新材料作推进剂，摈弃传统的 F12、LPG 推进剂，符合环保要求及降低燃爆危险。

HG –标准 G 型核级着色渗透探伤剂

HD 系列荧光渗透探伤剂

图 17　沪东中华造船（集团）有限公司上海船牌助剂
有限公司渗透检测器材示例

表 14　船牌 HD 系列渗透探伤剂性能与特点

种类	清洗方法	性能与特点
标准型着色	溶剂清洗或水清洗	缺陷显示清晰鲜明，可检宽度 $0.5\mu m$，表面裂缝速干型
核工业级着色	溶剂清洗或水清洗	灵敏度高，可达 $0.1\mu m$，有害杂质含量符合核工业标准要求，F、S < 50ppm；1%　Cl < 100ppm；1%
特种着色渗透	溶剂清洗或水清洗	灵敏度高，可达 $0.1\mu m$，有害杂质含量符合用于 LNG 船薄膜液货舱殷钢检查
通用型着色	溶剂清洗或水清洗	缺陷显示灵敏度高，可达 $0.1\mu m$，应用范围广，缺陷显示清晰鲜明
不燃型着色	溶剂清洗或水清洗	可在明火处操作，运输储藏方便，挥发点高，可用于槽式浸渍渗透
荧光型着色	溶剂清洗或水清洗	在可见光激发下可发出荧光，适用于照明不足，光线阴暗的场合探伤，灵敏度可达 $0.5\mu m$

表15　船牌HG－标准G型系列着色渗透探伤剂技术指标

项目	技术指标		
	渗透液	清洗液	显像液
外观	深红色透明液体、无沉淀	无色或微黄色透明液体	白色悬浊液
相对粘度、条件粘度20℃	1.1－1.4	－ － －	－ － －
密度 Kg/m^3	0.9000×10^3 －0.9500×10^3	－ － －	－ － －
腐蚀性 g/m^{2}h	<0.001		
灵敏度	日本荣进A30、A50试板达到灵敏度A50 100%，A30 >80%		
悬浮性	－ － －	－ － －	上澄清液小于0.5ml
清洗性能	显像背底与白标样的白度之比小于3		
储存稳定性	三年		
适用温度℃	水洗型		5－70
	水、溶剂清洗两用型		水洗5－70
			溶剂清洗 －10～70

表16　船牌HD系列荧光渗透剂技术指标

	水洗型荧光渗透液	后乳化型荧光渗透液
外观	黄绿色液体	
密度 kg/m^3	<800－900	950－1000
恩氏粘度、条件粘度20℃	1.2－1.6	1.9－2.6
黑点直径 mm	≤6（表示渗透性）	≤2（表示浓度）
灵敏度	A20 >100%，A10 >75%	
腐蚀性 g/m^{2}h	<0.001	
荧光稳定性	>70%	

表 17　船牌水基型着色渗透剂 HD - RS（S）技术指标

外观	深红色透明液体	硫	<1%
比重	1.018 kg/m³	氟	<1%
粘度	68.4 S（20℃）	氯	<1%
白点直径	2 mm		

表 18　船牌水基型显像剂 HD - XS - W 技术指标

外观	白色悬浊液	硫	<1%
比重	1.1253	氟	<1%
粘度（涂 - 4）	12.25S（20℃）	氯	<1%
闪点	不燃		

　　HG - 标准 G 型核级着色渗透探伤剂：除表 1 - 15 所述技术指标外，有害元素氟、氯、硫含量极低：氟和硫均 <50ppm RCC - M - EDION，<1% ASME；氯 <100ppm RCC - M - EDION，<1% ASME，符合法国 RCC - M - EDION 标准和美国 ASME 规范。

　　船牌 HD 系列荧光渗透剂符合美国 ASME 标准，包括：HD - FP 水洗型（自乳化）荧光渗透探伤剂；HD - FP1 后乳化型荧光渗透探伤剂以及溶剂型荧光渗透探伤剂。

§2.3.2　渗透检测辅助器材

黑光灯（紫外线灯）

　　用于荧光渗透检测，发出的紫外光为长波紫外线（UV - A），俗称"黑光"，波长范围 320 ~ 400 nm，中心波长 365nm，并且有紫外线辐射强度的要求，以保证达到必须的检测灵敏度。

　　普通黑光灯结构如图 18 所示。

　　普通黑光灯由高压水银蒸汽弧光灯、紫外线滤光片（深紫色镍玻璃或者黑光灯的玻璃外壳直接用深紫色镍玻璃制成起滤光作用）和电感性镇流器组成。

高压水银蒸气弧光灯里的石英内管充有水银和氖气（或氩气），管内有两个主电极和一个引燃用的辅助电极（引出处有一个限流电阻），辅助电极与其中一个主电极靠得很近，镇流器可对灯的两端电压自动调节，在镇流器控制下开始通电时，与辅助电极靠得很近的主电极与辅助电极首先通过氖气产生电极之间的放电，限流电阻可以限制辅助电极与主电极之间的放电电流相当小，但足以使石英管内温度升高，水银逐渐汽化，等到管内产生足够的水银蒸气时，两主电极之间通过水银蒸气发生弧光放电，这种弧光中就包含了长波紫外线（黑光）。

两主电极之间开始发生弧光放电（俗称"点燃"）时，两电极间的放电电压并不稳定，一般要经过 5～15 分钟后才能稳定下来，达到稳定放电时，石英内管里的水银蒸气压力将能达到 0.4～0.5Mpa（所谓高压水银蒸气弧光灯的高压即是指管内水银蒸气压力较高）。因此，黑光灯在使用时首先要预热至少 10 分钟后才能达到应有的紫外线辐射强度，才能满足检测的要求。黑光灯泡外壳锥体内还镀有银，起聚光作用以提高黑光辐照度。

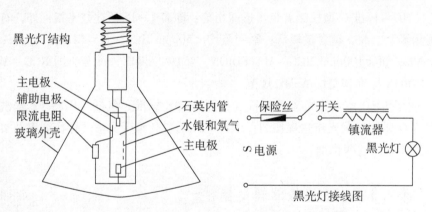

图 18　高压水银灯型黑光灯的结构与接线图

高压水银蒸气弧光灯点燃时发出的光谱很宽，不仅是黑光，还有波长较短的紫外线和波长较长的可见光，波长在 390 nm 以上的可见光会在被检零件表面产生不良背景，使缺陷迹痕的荧光显示不鲜明，而 330 nm 以下的短波紫外线对人眼、皮肤有伤害作用，因此，在黑光灯上需要使用滤光片将不需要的波长的光滤掉而仅使波长 330～390 nm 的紫外光通过用于荧光检测，以保证检测结果和保护人眼及皮肤。

使用黑光灯的注意事项

（1）黑光灯刚点燃时输出的黑光强度达不到最大值，所以检验工作应在黑光灯至少预热 10 分钟（达到稳定的电弧放电）以后才能开始进行检验。

（2）尽量减少不必要的开关次数（不要频繁开关），关灯后也应至少过 5~6 分钟后再启动，以延长黑光灯寿命。

（3）黑光灯使用一定时间后，黑光辐射强度会下降，称为"老化"，应定期测量校验黑光辐照度和辐射有效区（应该每天一次以及每次更换灯泡、滤光片后也应立即检查），当黑光灯发出的黑光强度低于检验标准要求的黑光强度时，该黑光灯泡应予报废。

（4）供电电源的电压波动对黑光灯影响很大，电压偏低会导致不能起弧或电弧熄灭，电压过高会导致灯泡损坏或缩短使用寿命，必要时应安装稳压电源保持电源电压稳定。

（5）保持滤光片清洁以免影响黑光的输出，黑光灯在点燃时有高热产生，应注意散热，使用中避免将水、渗透液或显像液等溅到黑光灯泡上使灯泡或滤光片炸裂，也要防止碰撞震动导致的破裂，一旦有破裂必须及时更换。

（6）应避免黑光灯的光线直射到操作人员的眼睛。

尽量减少不必要的开关次数的原因是黑光灯的镇流器是电感元件，结构与日光灯镇流器一样，由铁心和缠绕在上面的线圈组成。黑光灯镇流器的作用有三个：

其一，在主辅电极放电和两主极放电的时候，都起着阻止放电电流增加的作用，使放电电流趋于稳定，保护黑光灯不被击穿；

其二，由主辅电极放电转为两主极放电的一瞬间，主辅电极断电，在镇流器上产生一个阻止断电的反电动势，这个反电动势加到电源电压上，使两主极之间的放电电压高于电源电压，有助于黑光灯的点燃；

其三，黑光灯点燃并稳定后，石英内管内的水银蒸汽压力很高，如果在这种状态下断电，镇流器上所产生的反电动势加到电源电压上会使两主极之间的电压在断电的瞬间远远高于电源电压，这时由于石英内管内的水银蒸气压力很高，会造成黑光灯处于瞬时击穿状态，减短黑光灯的使用寿命。这第三点是我们所不希望的。由于黑光灯镇流器的第三个作用，黑光灯在稳定状态工作时要尽量减少不必要的开关次数，有资料介绍每断电一次，黑光灯寿命大约缩短 3 小时，通常每个工作班最好只开关一次，即黑光灯开启后直到本工作班结束不再使用才关闭。

图 19 ~ 图 20 示出普通高压汞灯型黑光灯泡和高压汞灯型黑光灯。

图 19　普通高压汞灯型黑光灯泡（高压水银蒸气弧光灯灯泡）

图 20　上海磁通检测设备有限公司生产的高压汞灯型黑光灯

除了传统的高压水银蒸气弧光灯外，新型的灯管式黑光灯的结构与日光灯管相似，内壁喷涂有荧光粉，在灯管电离起辉后激发荧光粉发出紫外光。利用这种灯管式黑光灯可以制成高功率、大辐射面积的黑光灯以满足较大检查区域的需要，也可制成各种袖珍型黑光灯以便于灵活应用。如图 21 ~ 图 25。

最新型的黑光灯是紫外线发光二极管（LED）型黑光灯，其使用寿命大大超过普通高压汞灯型黑光灯泡和黑光灯管，可以直接使用可充电蓄电池为电源，更加便于使用。如图 26 ~ 图 29。

图 21　美国 SPECTRONICS CORPORATION 公司悬挂式管型黑光灯

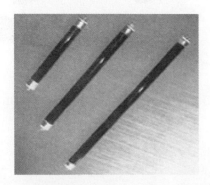

图 22　国产黑光灯管

图 23　美国 SPECTRONICS
CORPORATION 公司
高功率大照面紫外灯 UV－400

图 24　手持式系列管灯
（美国 SPECTRONICS COR
PORATION 公司）

图25　带放大镜的管式黑光灯
（美国 SPECTRONICS COR
PORATION 公司）

图26　香港安捷材料试验有限公司
MJ-01 手电筒式紫外线灯

图27　美国 SPECTRONICS CORPOR
ATION 公司的手电筒式
LED 强光黑光灯

图28　瑞迪世纪（北京）探伤设备
有限公司 UVL-I 型
便携式 LED 紫外灯

图29　北京国电电科院检测科技
有限公司紫外摄像手电
（附带有高清摄像拍照功能）

　　普通高压汞灯型黑光灯泡和黑光灯管的有效使用寿命约数千小时，而紫外线发光二极管型黑光灯的有效使用寿命可达数万小时。

　　为了配合黑光灯的正常使用，还需要配备紫外线强度计（亦称黑光辐射计，用于测量黑光灯辐射 UV-A 的强度是否满足荧光渗透检测的要求，如图32、图34 和图35）、白光照度计（用于测量荧光渗透检测观察环境以及着色渗透检测观察环境的白光亮度是否满足渗透检测要求）、荧光亮度计（用于测量荧光渗透液在黑光照射下发出荧光的强度是否符合要求，如图30～图31）、浓度测试仪（又称折射仪、折光仪，利用溶液的光折射率与溶液浓度存在对应关系，用于测量溶液浓度，如图33）等测量仪器。

　　紫外线强度计有直接测量型和间接测量型两种结构型式，直接测量型利用光敏电池直接测量黑光辐射强度值（$\mu W/cm^2$），故称为黑光强度计，而间接测量型是令黑光先照射到一块荧光板（薄板上涂布有无机荧光粉末）上激发出黄绿色荧光，再让荧光照射到装有黄绿色滤光片的光敏电池上，光敏电池受光激发产生电压使仪器指针偏转，指示的是照度值（lx），故称为黑光照度计。

　　荧光亮度计的原理属于间接测量：令黑光先照射到一块浸透待检荧光渗透液的滤纸上，激发出荧光，再让荧光照射到装有黄绿色滤光片的光敏电池上，光敏电池受光激发产生电压使照度计指针偏转，指示的是照度值（lx）。再用同样方法测量浸透标准荧光渗透液的滤纸，得到照度值，两者可以进行比较。

　　荧光亮度计主要用于比较使用中的荧光渗透液与入厂的原始标准荧光渗透液的荧光亮度差异，判断在用荧光渗透液是否已经退化而应予报废。

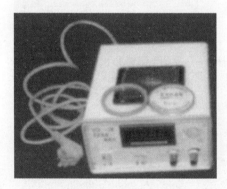 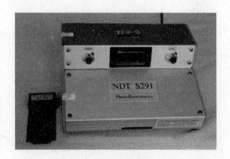

图30　国产荧光亮度仪　　　　图31　意大利 NBP 公司 S291 型
　　　　　　　　　　　　　　　　　　荧光亮度计

DLM –1000D　数字式白光照度计

DM –365XA　数字式黑光辐射计

图 32　美国 SPECTRONICS CORPORATION 公司的白光照度计和黑光辐射计

图 33　昆山市元瀚电子设备有限公司 BR –801AT 型手持式折光仪

图34　美国 SPECTRONICS CORPORATION 公司的白光照度/紫外线强度计

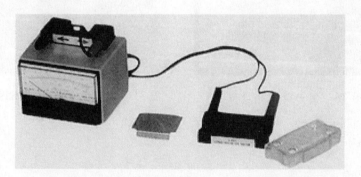

图 35　美国磁通公司（MAGNAFLUX）类比式黑光强度计 JY –221 型
（可精确测量黑光灯输出的黑光强度，可用于校验普通黑光辐射计）

有关标准中都会明确规定在用荧光渗透液的荧光亮度下降到原始标准荧光渗透液的荧光亮度的百分之多少时，该在用荧光渗透液应予报废。例如我国机械行业标准 JB/T4730.5—2005《承压设备无损检测》第 5 部分：渗透检测中规定为 75%，国家军用标准 GJB 593.4—1988《无损检测质量控制规范——渗透检验》规定为 85%。

目前，国内常用的荧光亮度计有国产 BYL－1 型标准荧光亮度检测仪（北京航空材料研究院无损检测研究室生产，可同时检测紫外辐射源的辐照度及荧光渗透液的荧光照度）、英国阿贾克斯公司 BCI95 型，以及美国磁通（MAGNAFLUX）公司、美国 SPECTRONICS CORPORATION（紫外产品公司）等的产品。

§2.4　渗透检测试块

渗透检测试块的作用是用于渗透检测灵敏度试验、渗透工艺性试验、渗透检测系统性能的比较试验。

渗透检测试块的常用种类包括：

铝合金淬火裂纹试块（A 型试块，对比试块）

如图 36 ~ 图 37。

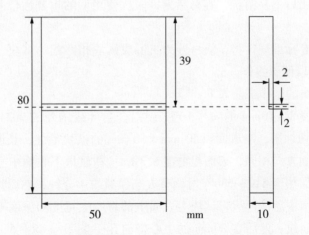

图 36　A 型试块标准尺寸（LA12 硬铝合金材料）

A 型试块适合用于两种不同的渗透剂在互不污染的情况下进行灵敏度对比试验，可在同一工艺条件下比较两种不同渗透检测系统的灵敏度，也适合于使用同一组渗透检测材料在不同工艺条件下进行工艺灵敏度对比试验，也可用于检验渗透剂在非常温环境下的适用性，检验荧光液的退化性，也可用于随班监控。

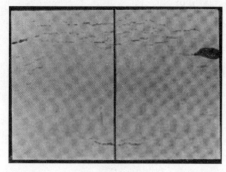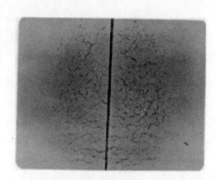

条状裂纹型　　　　　　　　　　网状裂纹型

图 37　A 型试块的着色渗透检测显示[5]

A 型试块的优点是制作简单，在同一试块上具有各种尺寸的裂纹，两侧的裂纹形状和分布大致对称，而且形状类似于自然裂纹。缺点是制作时所产生的裂纹尺寸不能控制，裂纹尺寸较大，不能用于高灵敏度渗透剂的性能鉴别，仅适用于低、中灵敏度。此外，由于其裂纹宽度和深度尺寸较大也造成使用后不易清洗，容易堵塞，多次使用后的重复性较差，因而寿命较短。

目前也有标准规定将试块一分为二形成两块相匹配的试块（命名为 A 区和 B 区）以便于操作。

A 型试块的制作工艺如下：

采用厚度 8～10mm 的牌号 LY12 硬铝合金（或国外的 2024－T3 铝合金）板材裁切加工，制成面积 50 mm×80 mm 的试块毛坯，长度 80mm 方向与板材轧制方向相同，表面粗糙度 6.3μm。在试块下表面中心用气体灯或喷灯局部加热至 510～530℃时调节火焰保温约 4 分钟，然后将试块迅速放入室温冷水中急冷淬火，试块上表面中部将产生宽度和深度不同的条状或网状淬火裂纹，然后在 80mm 的中心横向开一条 2 mm×1.5 mm 的矩形直槽将裂纹区域分成裂纹形状和分布大致对称的两部分作为检测面，并分别标以 A、B 记号，再经过表面清理后完成。

不锈钢镀铬裂纹试块（B 型试块、不锈钢镀铬三点式试片）

如图 38。

图 38　B 型试块的着色渗透检测显示

在不锈钢基体上单面镀铬，镀铬面上有三处从小到大的辐射状裂纹，裂纹开隙度从中心向外逐步减小，三处辐射状裂纹分大、中、小次序排列，开隙度为 $0.5 \sim 10 \mu m$。

B 型试块主要用于鉴定渗透液的渗透性能，校验操作方法与工艺系统的灵敏度。

使用 B 型试块时应将显示结果与该试块刚开始使用时按标准工艺测试得到的照片对照使用。

使用 B 型试块可以评定渗透检测操作方法正确与否和确定渗透检测工艺系统的灵敏度。适用于随工作班检测质量的监控，渗透检测工艺验证，检测灵敏度评估。

B 型试块适用于低、中、高灵敏度要求的渗透检测。

在使用中，通常把 B 型试块上的辐射状裂纹区以最大的为 1 号，中等的为 2 号，最小的为 3 号，则 1 级灵敏度（低灵敏度）应能显示 1～2 号（2 号可以不完整），2 级灵敏度（中灵敏度）应能显示 1、2～3 号（3 号可以不完整），3 级灵敏度（高灵敏度）应能完整显示 1～3 号。

B 型试块的优点是制作工艺简单，裂纹深度尺寸可以控制（一般不会超过镀铬层厚度），同一试块上具有不同尺寸的裂纹，有利于确定渗透检测工艺系统的灵敏度。由于 B 型试块的裂纹深度不大，使用后容易清洗，不易堵塞，可多次重复使用，因此显示结果重复性好，使用方便。缺点是必须将显示结果与该试块刚开始使用时按标准工艺测试得到的照片对照使用，不便于比较不同渗透材料或不同渗透检测工艺方法灵敏度的优劣。

B 型试块的制作工艺：

通常采用 100 mm×25×4 mm 尺寸的牌号为 1Cr18Ni9Ti 的不锈钢板，先将单面磨光后镀铬，铬层厚度约 25μm，镀铬后需作退火处理以清除电镀层的应力。然后在试块的另一面（未镀铬面）用直径 10mm 的钢球在布氏硬度机上分别以 750kg、1000kg 和 1250kg 打三点硬度，这样镀铬层上会形成三处辐射状裂纹，以 750kg 压点处产生的裂纹最小，1250kg 压点处产生的裂纹最大。

黄铜板镀镍铬层裂纹试块（C 型试块）

C 型试块的裂纹呈接近于平行条状分布，试块中间垂直于裂纹方向开有切槽使其分成两半。

C 型试块的制作工艺：

通常采用 100 mm×70 mm×4 mm 的黄铜板（或紫铜板），单面磨光后先镀镍，再镀铬，然后在悬臂靠模（圆柱模或非圆柱模）上（镀铬面朝上）反复弯曲使之形成方向基本垂直于 100mm 边长且基本呈平行条状分布的多条疲劳裂纹，在圆柱面模具上弯曲，可获得等距离的裂纹，在非圆柱面上弯曲，可获得疏密不同的裂纹。最后在 70mm 边长中心沿 100mm 方向开一切槽，使其分成两半，两半的裂纹互相对应。

C 型试块的用途与 A 型试块用途相同，但是裂纹深度可由镀铬层厚度控制，裂纹宽度可根据弯曲和校直时试块的变形程度来控制，裂纹尺寸量值范围与渗透检测显示的裂纹极限比较接近，因而是渗透检测系统性能检验和确定检测灵敏度的有效工具。

C 型试块可用来鉴别各类渗透液性能和确定检测灵敏度等级，可用于高灵敏度渗透检测材料性能测定，也可用于某一渗透检测系统性能的对比试验和校验以及两个渗透检测系统的性能比较试验，试块一分为二形成两块相匹配的试块可以比较不同的渗透检测工艺。

C 型试块的优点是其裂纹较浅，使用后容易清洗，不易堵塞，可多次重复使用。缺点是镀层表面光洁度很高，与实际工件检验情况差异较大，因此所得到的结论还不能等同于工业渗透检测工件上获得的结果，此外，其制作比较困难，特别是裂纹尺寸的有效控制更为困难。

不锈钢镀铬条式裂纹试块（D 型试块）

外观尺寸 120 mm×34 mm×3 mm，除了基体材料为不锈钢外，制作工艺与 C 型试块基本相同（中间不开切槽），可用于渗透剂检测灵敏度的半定量评估、渗透检测工艺验证，以及随班监控。适用于中、高灵敏度。如图39。

图 39 D 型试块的着色渗透检测显示

日本斜面式 II 型镍铬（Ni－Cr）试块

如图40。在黄铜基体表面镀上厚度均匀过渡增厚的电解镍和铬层（镀层厚度的精度在表示尺寸的 ±10% 以内），然后在悬臂靠模（圆柱模或非圆柱模）上（镀铬面朝上）以一定的力度对其进行横向弯曲（挠曲），使镀层产生多条开隙度不同的、方向与试片纵向基本垂直的平行状直线裂纹。裂纹的开隙度平均设定为各处镀层厚度尺寸的1/20，然后将试块恢复到初始的平整状态，就成为带有规定缺陷的试块。

这种试块可用于试验渗透剂的检测灵敏度、选择渗透剂的检测工艺条件、在用渗透剂的质量鉴定等。

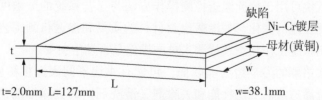

t=2.0mm L=127mm   w=38.1mm

缺陷深度与开隙度						
到镀层厚度为零一端的距离 mm	0	25.4	50.8	76.2	101.6	127.0
缺陷深度 μm	0	10.0	20.0	30.0	40.0	50.0
缺陷开隙度 μm	0	0.5	1.0	1.5	2.0	2.5

图 40 日本斜面式 II 型镍铬（Ni－Cr）裂纹试块

不锈钢镀铬六点式试块

如图 41。在不锈钢基体（135 mm × 60 mm × 3 mm）上单面镀铬，镀铬面上有两排各三处从小到大的辐射状裂纹，裂纹开隙度从中心向外逐步减小，分大、中、小次序排列，裂纹开隙度为 0.5～10μm 左右。

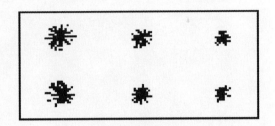

图 41　六点试块

这种试块主要用于两种渗透剂作检测灵敏度对比试验或随班质量监控，适用于低、中、高灵敏度。

这种试块的制作工艺与 B 型试块基本相同。

不锈钢镀铬五点式试块（五点试块、组合试块、美国 PSM - 5 试片）

如图 42。采用牌号为 1Cr18Ni9Ti 的不锈钢板作基体（152 mm × 102 mm × 3 mm 或 150 mm × 100 mm × 4 mm），单面半边为镀铬面（镀铬厚度约 25μm，镀铬后需进行退火处理以消除电镀层内的应力），在试块背面（未镀铬面）按 25mm 间隔用不同直径的钢球在布氏硬度机上分别以不同载荷按顺序打五点硬度，这样镀铬层上会形成五处从小到大顺序排列的辐射状裂纹，裂纹开隙度从中心向外逐渐减小，以载荷最小的压点处产生的裂纹最小，载荷最大的压点处产生的裂纹最大。

这种试块可用于校验渗透检测操作方法与工艺系统的灵敏度，检测渗透检测系统性能的变化，如渗透检测材料的质量和渗透检测工艺监测，监控渗透检测系统工作状态及检测人员的操作是否发生突变。

试块镀铬侧的另半边为喷砂面，包含有 4 块不同表面粗糙度的区域，可用于评价渗透液的清洗性能和去除剂（清洗剂）的去除性能校验，以及校验去除被检零件表面多余渗透液的工艺方法是否妥当，例如乳化时间长短、水温及水压的控制等。

这种五点试块特别适用于中、高、超高灵敏度，因此多用于荧光渗透检测，而且在高质量要求产品（例如航空航天制品）的渗透检测中基本上都是必须配备使用的试块。

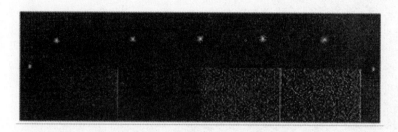

图 42　五点试块的荧光检测显示

钛合金应力腐蚀裂纹试块

采用牌号为 Ti – 6Al – 4V 的钛合金板材，规格为 125 mm × 50 mm × 6.3 mm，表面用粒度 60μm 左右、直径 300 mm、宽度 2.5mm 的砂轮以每分钟 2000 转的速度和 0.05 ~ 0.07mm 进给量磨削，每次横向进给量约 2.5mm，达到粗糙度约为 0.8mm（r.m.s）边磨削边用快速水流冷却，使得磨痕根部产生氧化和冶金损伤，并在表面产生残余应力，然后将试块放入夹具加载，施加相当于该材料屈服应力 20% ~35% 的拉应力，最后连同夹具一起放入无水甲醇 + 氯化钠溶液中 6 ~ 24 小时，即可产生网状的应力腐蚀裂纹，可用于渗透检测的工艺评价。

其他一些渗透检测用试块：

EN ISO 3452 – 3：1998《无损检测——渗透检测》第 3 部分：参考试块。

1 型试块

如图 43。采用多块规格为 35 mm × 100 mm × 2 mm 的黄铜基板，上面各自镀有不同厚度的镍铬层，厚度分别为 10、20、30 和 50μm，应用在悬臂靠模（圆柱模）上（镀铬面朝上）以一定的力度对其进行横向弯曲（挠曲）的方法，使镀层产生多条方向与试块纵向基本垂直的平行状直线裂纹。横向裂纹的宽深比为 1:20。

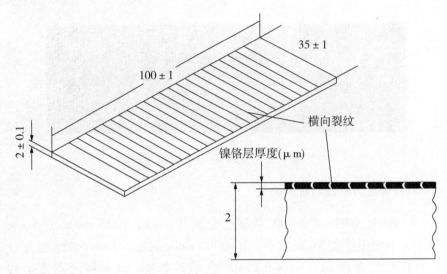

图 43　EN ISO 3452 – 3：1998 的 1 型试块

2 型试块

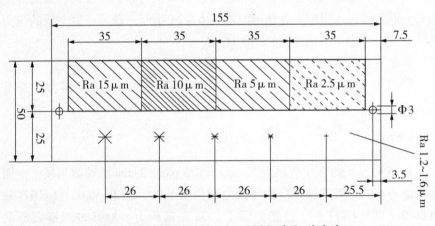

图 44　EN ISO 3452 – 3：1998 的 2 型试块

如图44。采用规格为 155 mm × 50 mm × 2.5 mm 的不锈钢板为基体
（X2 Cr Ni Mo 17 – 12.3 ［1.4432］，EN10088 – 1），利用喷砂工艺制作出带
有四个不同表面粗糙度的区域，其功能同上述不锈钢镀铬五点裂纹试块的
喷砂区。

美国宇航材料规范 AMS 2644D 规定的喷砂面试块：如图45。

这种喷砂面试块专用于渗透剂去除性试验。见图45。

美国宇航材料规范 AMS 2644D 规定的喷砂面试块制作方法如下：

该试块为一套，每 8 块为一组，来自一块厚度 16 mm 的牌号为 S301 或 S302 的不锈钢 4×6 英寸（102 mm×152 mm）薄板，一组中的每个试块约 1.5 英寸长、2 英寸宽（38 mm×51 mm）。

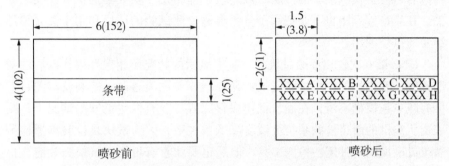

按4.4.11.1.1制备与标记，所有尺寸为英寸（mm）

图 45　AMS 2644D 的渗透剂去除性试验样件

试块喷砂前应先经过除油处理并干燥，然后使用一个 1 英寸宽的遮蔽条带纵向贴置于板块一个侧面的中心。把试块贴置遮蔽条带的前侧面用 80 目的氧化铝砂在 60psi（414kPa）空气压力下通过夹持的喷枪喷击表面约 18 英寸（457mm）作为工作面长度。喷砂处理后，表面上必须无擦伤和污点。移走遮蔽条带，在板块一侧中心纵向留下一条宽 1 英寸（25mm）无喷砂的条带表面。在剪切成 8 个试样前，利用一个适当的标记装置，用薄板编号加上连续字母 A～H 标记在未喷砂的部分，以板的编号和字母命名八个位置。手持试样的边缘用纸包装直至需要使用。

除了上述各种试块外，还有：

自然缺陷试块

这是带有裂纹的实际工件。自然缺陷试块的选用原则主要有两条：

（1）在受检试件中选用有代表性的试件；

（2）在所发现的缺陷种类中选用有代表性的缺陷。裂纹是最危险的缺陷，通常必须选用，细微裂纹和其他细小缺陷也是通常必须选用的，可用以确定渗透检测系统的检测灵敏度是否符合技术要求，浅而宽的缺陷也是通常必须选用的，可用以确定渗透检测操作是否过乳化或过清洗。

选择确定的自然缺陷试块应用草图或照相方法记录缺陷的位置、大小、形状，以备校验时对照。

一次性灵敏度试片：带有人为制作裂纹的塑料薄片，一次性使用。

渗透检测标准试块的使用注意事项

（1）着色染料对荧光染料有"猝灭效应"，会导致荧光猝灭，因此，经过着色渗透检测试验的试块一般要求不能再用于荧光渗透试验，反之亦然，在生产管理中也不要把用于着色渗透检测试验的试块和用于荧光渗透试验的试块混用。

（2）第一次使用渗透试块时，应将显示的状况照相保存以作以后的对照比较，在以后的使用中若发现荧光渗透或着色渗透显示的裂纹与图片对照有减少或模糊不清，在确认试块保存完好、没有发生堵塞的情况下，则表示所测试的渗透检测系统灵敏度降低或失败，因为试块是检验渗透检测系统灵敏度的一种定性检测工具。但是也要注意有可能是试块失效应该报废，这可以利用另一块试块作比较来鉴别。

（3）渗透试块使用完毕后，最佳方法是先用化学试剂丙酮将试块清洗干净，再用水煮沸半小时，然后在110℃下干燥15分钟，最后将试块浸泡到密闭容器内的50%甲苯和50%三氯乙烯混合液中，以备下次使用。一般的方法是先用化学试剂丙酮将试块仔细清洗干净后，再用超声波清洗（以无水乙醇为载液）或者将试块放入1:1丙酮和无水乙醇溶液中浸泡至少60分钟，然后置入按1:1配制的化学纯级的丙酮和无水乙醇溶剂中密封浸泡保存，以备下次使用。也可以在保证将试块彻底清洗干净后晾干保存。

当怀疑试块裂纹有堵塞时，可用超声波清洗机以无水乙醇作清洗液进行清洗，如果仍然不能通过清洗恢复原状，则该试块就应当报废，以免影响对渗透液的正确鉴别。

（4）不要打击、摔碰或弯曲试块，以免造成裂纹缺陷扩大。

（5）尽量不要用手直接触摸试块表面，以免手上的汗脂污染堵塞试块上的裂纹缺陷。

（6）应按照正常的渗透检测试验方法使用试块。

（7）选择自然裂纹试块时，应选择有代表性缺陷的工件，最好选择带有细小裂纹和其他细小缺陷的工件以及选择有浅而宽的开口缺陷的工件。

第三章

渗透检测工艺

§3.1 渗透检测的基本程序

渗透检测的基本程序如图 46 ～图 47 所示。

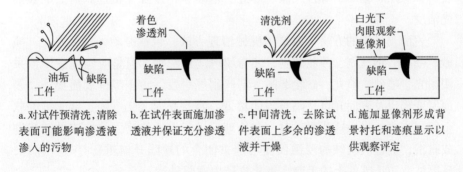

a. 对试件预清洗,清除 表面可能影响渗透液 渗入的污物

b. 在试件表面施加渗 透液并保证充分渗透

c. 中间清洗,去除试 件表面上多余的渗透 液并干燥

d. 施加显像剂形成背 景衬托和迹痕显示以 供观察评定

图 46　着色渗透检测的基本程序

  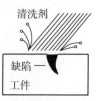 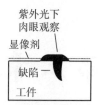

a.对试件预清洗，清除表面可能影响渗透液渗入的污物 b.在试件表面施加渗透液并保证充分渗透 c.中间清洗，去除试件表面上多余的渗透液并干燥 d.施加显像剂形成背景衬托和迹痕显示以供观察评定

图 47　荧光渗透检验的基本程序

§3.2　渗透检测的基本工艺

表面预处理

被检零件进行渗透检测之前，首先需要进行表面预处理，以去除可能影响渗透检测实施的表面障碍物（例如浮锈、油漆、铁屑、毛刺、氧化皮、积碳层、结垢、焊接飞溅、焊渣、粘砂等）以及保证达到需要的表面光洁度。

表面预处理的方法一般采用机械清理方法，包括振动光饰、抛光、喷砂、喷丸、钢丝刷、砂轮磨削，还有超声波清洗等，但是应该注意谨慎采用抛光、喷砂、喷丸、砂轮磨削、钢丝刷等手段，防止零件表面损坏、表面层变形以及表面开口缺陷被封闭堵塞，特别是对于铝、镁、钛、铜等软金属。当必须采用这些方法时，在处理后进行渗透检测之前应该进行酸洗或碱洗，通过酸或碱的浸蚀而使可能被闭合的缺陷开口重新打开。此外，还要注意防止零件上的毛刺、氧化皮产生虚假显示。

预清洗（前清洗）与干燥

预清洗的目的是使被检零件表面达致清洁，防止表面污染物（如油污、油脂）影响渗透液对工件的润湿、阻碍渗透液渗入缺陷、污染渗透液

（降低渗透液的荧光强度或着色强度，降低槽式循环使用的渗透液的渗透能力和使用寿命），这些污物还会引起虚假显示、遮蔽缺陷显示和形成不均匀的背景衬托而造成判别困难。

预清洗的方法：通常采用化学清洗（酸洗或碱洗）、除漆处理和溶剂清洗（汽油、醇类、苯、二甲苯、三氯乙烷、三氯乙烯、专用的金属清洗剂等）。通过预清洗应尽可能地去除被检零件表面开口缺陷中的污物填充物，防止缺陷被堵塞和妨碍渗透液从缺陷中回渗，以及由于渗透液被污染而导致缺陷显示迹痕的荧光亮度或着色强度降低，影响缺陷显示结果的评定。

被检零件预清洗后还需要进行干燥处理，保证开口缺陷内没有液体残留，以保证渗透效果。

在表面预处理工序中采用机械清理方法的金属零件，应选用化学清洗进行预清洗，即酸洗（硫酸、硝酸、盐酸，一般用于钢或钛合金）或碱洗（氢氧化钠、氢氧化钾，一般用于铝镁合金），这样有助于去除因为机械应力导致表面层变形以致闭合掩盖开口缺陷的金属薄层，使缺陷开口重新暴露到表面。

使用化学清洗时，应注意根据被检金属材料种类、污染物种类和工作环境来选择适当的清洗方法与程序。在化学清洗中，应严格控制酸或碱清洗液的浓度、温度、清洗时间等工艺参数，防止对被检零件造成过腐蚀。酸蒸气对人体有害，酸、碱液对皮肤会造成伤害，在操作时应特别注意安全防护。

化学清洗完成后，应对所处理的零件进行中和处理和彻底水洗，防止残留的酸液或碱液继续腐蚀零件以及在后续的渗透检测工序中污染渗透液，水洗后还要经过烘干处理以除去表面和可能渗入缺陷的水分。

对于有"氢脆"倾向的材料（例如高强度钢、钛合金等在酸洗时吸收氢离子，在使用时容易产生脆性开裂）在经过酸洗后还需要及时作"除氢处理"（在合适的温度下烘烤一定时间）。

溶剂清洗包括溶剂液体清洗（汽油、醇类、苯类、三氯乙烷、三氯乙烯等以及专用金属清洗剂）和溶剂蒸气除油清洗（如三氯乙烯蒸气除油）。

使用除漆剂去除工件表面漆层时，要注意许多除漆剂有腐蚀性，并且其残留物对荧光染料有猝灭效应，因此在除漆工序完成后要注意再用溶剂彻底清洗。

表 19　常用酸洗、碱洗配方

成　分	温　度	中和液	适用范围
氢氧化钠 6g 水 1L	70 ~ 77℃	硝酸 25%，水 75%	铝合金铸件
氢氧化钠 10% 水 90%	77 ~ 88℃	硝酸 25%，水 75%	铝合金锻件
盐酸 80% 硝酸 13% 氢氟酸 7%	室温	氢氧化铵 25% 水 75%	镍基合金
硝酸 80% 氢氟酸 10% 水 10%		氢氧化铵 25% 水 75%	不锈钢零件
硝酸 10% ~ 20% 氢氟酸 1% 余量为水	50 ~ 60℃		钛合金
硫酸 100mL 铬酐 40g 氢氟酸 10 mL 加水至 1L		氢氧化铵 25% 水 75%	钢零件

　　预清洗所应用的溶剂和除漆剂都是易燃物并且对人体有毒害作用，在操作时应特别注意防火安全和避免吸入以及和皮肤接触。

　　预清洗工序中特别要注意所采用的清洗介质不能影响所应用的渗透液的性能（即不应与渗透液发生反应而导致渗透液失效或性能下降）。

　　清洗前应采用有效方法（例如橡胶塞、蜡封）将不需要检查的盲孔、内通道等部位封堵，以免造成腐蚀和后续清洗困难。

渗　透

对被检零件进行渗透的方式包括：

（1）以散装液体进行浸涂：在渗透液槽中浸渍，适用于大批量小工件的全面检查，如渗透检测流水线最常采用浸渍方式，浸渍后还应有滴落步骤以利缺陷中的气体排出和回收渗透液重复使用以减少渗透液损耗；

（2）以散装液体进行刷涂：适用于大工件的局部检查、焊缝检测、中小型工件小批量检查；

（3）以散装液体进行浇涂：喷淋，适用于大工件的局部检查，也用于渗透检测流水线；

（4）采用特殊包装带有气雾剂的压力喷罐进行喷涂：适用于现场检验或者大工件的局部或全面检查；

（5）静电喷涂：适用于大型的、形状较简单的工件；

……

渗透工序的基本要求

应在一定的温度下（通常为 10～50℃）保证零件被检部位的表面完全覆盖渗透液一段时间（渗透时间），并且在整个渗透时间内保持润湿状态，不能干涸，以保证充分渗透。

对不予检查的部位应作防护处理（例如橡胶塞封堵、蜡封、胶带粘贴）避免渗透剂侵入导致后续的清洗困难。

渗透时间（又称接触时间、停留时间）是指从施加渗透液到开始进行乳化处理或清洗处理之前两者之间的时间。

采用浸涂法时的渗透时间包括浸渍和滴落时间（因为渗透剂在滴落时间里仍然在向缺陷中渗透，滴落的目的是使被检零件上多余的渗透液流淌滴落回渗透液槽以节约渗透液）。

渗透时间通常为 10～15 分钟，例如我国机械行业标准 JB/T4730.5—2005《承压设备无损检测》第 5 部分：渗透检测中规定温度在 10～50℃范围内的渗透时间不少于 10 分钟，我国机械行业标准 JB/T9218—2007《无损检测——渗透检测》规定温度在 10～50℃范围内的渗透时间为 5～60分钟。

渗透工序中必须保证环境温度或被检零件的温度不能过高，否则渗透液很容易干涸在零件上，给后续的清洗带来困难，也影响了显像时缺陷内渗透液的回渗，甚至干涸在缺陷内。同时，渗透液受热后，某些成分蒸发，将使其性能大大降低。

环境温度或被检零件的温度也不能过低，否则渗透液粘度变大而影响渗透速率甚至降低渗透力，而且也可能导致渗透液中的染料析出，降低了渗透液的性能。

当环境温度或被检零件的温度超出渗透检测要求的正常温度范围（通常为 $10 \sim 50°C$）时，需要根据实际试验修正渗透工艺和采用适当的渗透检测材料（例如高温渗透剂、低温渗透剂）。

渗透时间的选择要根据应用渗透液的种类，被检零件的材质和表面状态，预定要求检出的缺陷种类和大小（按产品验收标准和灵敏度等级要求）以及渗透时环境温度或被检零件的温度来确定。

清 洗

这里是指完成渗透后的清洗，目的是去除被检零件表面多余的渗透剂，根据渗透液种类的不同，有不同的清洗方法，包括水洗型、后乳化型、溶剂去除型三大类。对于溶剂型渗透液采用专门的溶剂型清洗液进行清洗，对水洗型渗透液可直接采用水压和水温受限制的清水冲洗。

清洗工序（也称为去除工序）的原则是通过擦拭或冲洗方式将被检零件表面上多余的渗透液清除干净以得到干净良好的背景，又不能把渗入缺陷内的渗透液洗掉而造成漏检。

清洗工序中必须注意防止清洗时间过长或者清洗用的水温过高、水压过大或者溶剂型清洗液用量过多，以免造成过度清洗（俗称过洗或过清洗，即连同渗入缺陷内的渗透液也被清洗掉而失去检验的可靠性，后乳化型工艺还要防止过乳化），但是也不能清洗不足（俗称欠洗或欠清洗，后乳化型工艺也要防止乳化不足），以免导致被检零件表面残留较多的渗透液以至在施加显像剂时形成杂乱的背景干扰对显示迹痕的辨别。

清洗工序的基本要求是在得到合格背景的前提下清洗时间越短越好。

为了获得较高的检测灵敏度，清洗工序中应注意使荧光背景（或着色底色）保持在一定的水平上，以免妨碍观察。这一步骤除了靠严格的工艺保障外，与操作者的实际经验有很大关系，着色渗透的清洗可在足够的白光照度下由目视观察清洗情况，荧光渗透的清洗应在黑光灯（黑光辐射强度一般不应小于 $300\mu W/cm^2$，并且环境白光照度不大于 150 勒克斯）下监视清洗情况。

水洗型渗透液本身含有乳化剂，可以直接用水清洗，清洗方式包括有手工水喷洗、手工水擦洗、自动水喷洗、压缩空气搅拌水浸洗或喷洗（仅适用于灵敏度要求不高的检测）。

水喷洗工艺中应注意控制水压和水温。

喷水冲洗的水温应在 $10 \sim 40°C$ 范围，喷嘴出水处的水压应不超过

0.34Mpa（如我国机械行业标准 JB/T4730.5—2005《承压设备无损检测》第 5 部分规定），美国宇航材料规范 AMS 2644D《检验材料——渗透剂》规定温度 21℃±3℃时喷射到工件上的水压应不超过 0.172Mpa，也有的标准规定在常温下喷射到工件上的水压应不超过 0.27MPa。

　　采用压缩空气—水混合喷洗时还要注意控制压缩空气的压力（例如有的标准规定不应超过 0.175MPa），并且压缩空气应该经过过滤（防止油污染）。

　　喷水冲洗时，水柱与被检零件表面的夹角应在 30°左右为宜，喷嘴距离零件表面应不小于 300 mm，角度大了、距离近了都容易造成过清洗。

　　对于一些大型工件也可以采用手工水擦洗方式，首先用清洁不起毛且吸水的擦拭物单向擦除大部分表面多余的渗透液—干擦，擦拭物一般用干燥、干净的棉布或专用的擦纸，不宜用棉纱、质量差的卫生纸或纸巾，应避免纤维毛屑脱落粘附在零件表面，这样容易造成伪缺陷显示而导致误判。在擦拭过程中，应注意随时更换被渗透液污染的擦拭物，然后用水沾湿（注意不能浸透或过湿）擦拭物仍然进行单向擦拭，并注意及时更换被渗透液污染的擦拭物，直至擦拭物上不再有渗透液的颜色，最后用干燥干净的擦拭物擦干。

　　擦洗操作中注意只能单方向擦拭，不能来回反复擦拭。

　　溶剂去除型的手工擦洗工艺：

　　手工擦洗多用于溶剂清除型着色或荧光渗透剂的清洗，所用擦拭物同样应为清洁不起毛且吸水的干净的棉布或专用的擦纸，不宜用棉纱、质量差的卫生纸或纸巾（防止纤维毛屑脱落在粘附在零件表面形成伪缺陷显示）。

　　擦拭时一般先用干净的擦拭物单向擦除（干擦）检测面上多余的渗透液，注意随时更换被渗透液污染的擦拭物，然后把清洗液喷在干净的擦拭物上至沾湿程度（注意不能被清洗液浸透或过湿）后仍然进行单向擦拭，擦洗操作中注意只能单方向擦拭，不能来回反复擦拭，更不允许直接用清洗剂冲洗、喷洗或浇洗以防止过洗，注意及时更换被渗透液污染的擦拭物，直至擦拭物上不再有渗透液的颜色，最后用干燥干净的擦拭物再擦拭一遍，然后自然晾干表面为 2~3 分钟，即可进入显像工序。

　　后乳化型渗透液的乳化工艺及去除工艺：

　　对于亲水性乳化剂：

　　渗透后先用清水进行预清洗，清洗操作同上面的水洗工艺，但是时间要短，水压要小，水温为常温，目的是尽可能先去除一部分表面多余的渗透液以减少乳化剂消耗和有助乳化剂的均匀分布，然后施加乳化剂（一般推荐采用浸涂以保障乳化均匀）进行乳化，要注意乳化工艺的乳化时间是关键，要求快速浸入、快速提起，以防止先浸入和后离开的部分乳化过度，完成乳化工序后，迅速取出并立即浸入清水中预清洗很短时间（目的是停止乳化和有利于去除乳化剂，同样要求快速浸入、快速提起），然后进行最终水洗，最终水洗工艺与上面的水洗工艺相同。

对于亲油性乳化剂：

渗透后无需经过清水预清洗而可以直接施加乳化剂（一般推荐采用浸涂以保障乳化均匀）进行乳化（要注意乳化工艺的乳化时间是关键，要求快速浸入、快速提起，以防止先浸入和后离开的部分乳化过度），完成乳化工序后迅速取出并立即浸入水中预清洗很短时间（目的是停止乳化和有利于去除乳化剂，同样要求快速浸入、快速提起），然后进行最终水洗，最终水洗工艺与上面的水洗工艺相同。

后乳化工艺的操作要点是注意使被检零件上的乳化剂施加均匀，根据乳化剂的性能、乳化剂的浓度、乳化剂受污染程度、渗透剂种类、被检零件表面粗糙度等因素严格控制乳化时间、乳化温度，尤其乳化时间（施加乳化剂至去除乳化剂的时间）的控制是关键。

乳化时间过短会造成乳化不足而导致清洗不足，被检测面的背景不好，乳化时间过长会造成过乳化而导致过清洗，降低检测灵敏度。

乳化时间的确定原则是在得到合格背景的前提下乳化时间越短越好，通常按厂家推荐或自行试验来确定最佳乳化时间。

施加乳化剂的方法可以采用浸渍、浇涂、喷洒（亲油性乳化剂不允许采用），但绝对不允许刷涂（乳化不均匀，并且可能将乳化剂刷入缺陷造成过乳化而导致漏检），施加乳化剂的过程中也不允许搅动乳化剂（在渗透检测流水线的乳化剂槽此时不允许开动搅拌器），乳化完成后要迅速浸入水中短时间，或者快速、全面地用水喷淋以停止乳化，然后进行最终水洗，最终水洗工艺与上面的水洗工艺相同。

干燥处理

完成清洗后，被检零件还需经过一定时间的室温下自然干燥（如溶剂型清洗液）或人工干燥（如水洗型渗透液用清水清洗后用干净的布擦干再经过滤的清洁干燥的压缩空气吹干或热风吹干，或者利用专用的热空气循环烘干装置烘干，或者采用干燥清洁的木屑进行干燥等）。

干燥处理的目的是除去被检零件表面的水分，保障显像时使渗透液能充分地从缺陷回渗出来被显像剂所吸附，形成缺陷显示迹痕。

干燥温度和干燥时间的控制与被检零件的材料、尺寸、表面粗糙度、零件表面水分多少、零件的初始温度、烘干装置的温度以及吹风的空气压力与距离，还有每批被干燥零件的数量等都有密切关系。

干燥温度不宜过高，时间应尽量缩短（正确的干燥温度应通过试验确定），最重要的是防止渗透液干涸在缺陷内甚至变质而无法显像。

干燥过程中还要防止盛装工件的器具、操作者的手等对零件的污染而造成虚假显示或者遮盖缺陷显示。

干燥工艺应按照具体被检零件执行的检验标准实施，对金属材料的干燥温度一般不宜超过 70℃，塑料材料通常在 40℃ 以下，干燥时间一般不超过 10 分钟。

例如美国宇航材料规范 AMS 2644D 规定干燥温度为 57℃ ±3℃。我国机械行业标准 JB/T4730.5—2005《承压设备无损检测》第 5 部分中规定热风干燥时间为 5～10 分钟，被检面温度不得大于 50℃，热风干燥后还应有一个冷却到室温的过程，防止烫手和影响显像效果（特别是湿式显像时挥发过快）。

"热浸"技术：

被检零件表面上多余渗透液被洗净后，将被检零件以短时间（严格控制在 20 秒之内）在 80～90℃热水中浸一下，以提高被检零件的表面初始温度，从而可以加快烘干速度，这种技术称为"热浸"技术。由于"热浸"对被检零件有一定的补充清洗作用，容易造成过清洗，因此一般不推荐使用，特别是表面光洁度高的零件不允许使用。

显像处理

在显像过程中，显像剂粉末在被检零件表面构成毛细管路径，产生毛细作用，吸附从缺陷中回渗的渗透液，从而形成肉眼可见的缺陷显示迹痕。

显像工序的操作要点是迅速地敷设一层薄而均匀的显像剂覆盖在零件的被检验表面，在有开口缺陷处将会把渗入缺陷内的渗透液吸附出来形成缺陷显示迹痕。

显像方式有干法显像（又称干粉法、干式显像）和湿法显像（又称湿式显像），还有自显像（不使用显像剂，仅靠缺陷内的渗透液自身回渗到工件表面，多用于荧光渗透检测，但是检测灵敏度较低，对黑光辐照强度要求也很高，一般不推荐采用），还有特殊显像（特殊配方的湿式显像剂，例如在被检表面能形成塑料薄膜，便于揭下用于记录保存）。

干法显像

干法显像在着色渗透检测时难以提供足够的颜色对比度，因此主要用于荧光渗透检测。

待被检零件完成干燥处理后，立即以干燥蓬松微细的氧化镁粉（最常用的干粉显像剂，白色，在黑光辐照下其自身无荧光产生）作为显像剂均匀撒布在零件表面上进行显像。施加显像粉的常用方法有粉槽埋入法、喷粉柜法和静电喷涂法。

干法显像时，干粉基本上只吸附在缺陷部位并且显像层很薄，缺陷显示迹痕的轮廓图像不易扩散，因此能得到较高的显像分辨力。

采用粉槽埋入法进行干法显像时，将干燥好的被检零件快速放入粉槽达到被松散干燥的显像粉埋没后立即迅速提起，然后进行检验观察。

采用喷粉柜法进行干法显像时，喷粉柜内有鼓风机吹动显像粉在柜内空间飞舞，被检零件在柜内快速附着显像粉后立即迅速取出，或者可以使用喷粉枪喷涂。

采用静电喷涂法显像时，只要显像粉在零件上形成均匀的薄层即可。

干法显像剂的干粉（氧化镁粉、二氧化钛粉等）经过多次反复使用后，会因为掺入了渗透液的荧光物质而在黑光下发生杂乱荧光，干扰背景，妨碍对缺陷显示迹痕的观察评定，或者受潮结块影响均匀散布和吸附能力，此时即需要更换。

湿法显像

湿法显像最常应用的是悬浮型显像剂（一般不推荐使用水溶型显像液），采用微细的白色粉末（例如氧化锌、氧化镁、钛白粉等，用以提高被检零件上的背景对比度）加入到有机溶剂（非水基湿式显像剂—溶剂悬浮型显像剂）或水（水基湿式显像剂—水悬浮型显像剂）中，并加入一定的胶质以利于固定、约束显示迹痕，防止显示迹痕的扩张弥散而难以辨认。

溶剂悬浮型显像剂中含有易挥发的有机溶剂，可以渗入缺陷并溶解缺陷中的渗透液，加强渗透液的回渗，并且因为挥发快而很快固定缺陷显示迹痕的轮廓图像，因此有较高的显像灵敏度。

湿法显像的施加方式最常采取特殊包装带有气雾剂的压力喷罐喷涂，或者以散装液体进行刷涂，或者在湿式显像液槽内把被检零件快速浸渍后立即提起垂挂滴干（一般用于小零件，要注意不能在某些部位形成过厚的膜层以免遮盖缺陷显示）以及静电喷涂等方式。

悬浮型显像剂在使用前特别要注意搅拌均匀。

水悬浮型显像剂采用显像液槽内把被检零件快速浸渍后立即提起垂挂滴干或者喷涂的方式时，可以使用热风循环烘干装置进行干燥，干燥的过程也就是显像过程。

在被检零件表面施加显像剂时应注意使显像剂铺展均匀以免漏检，形成的显像薄膜层不能太薄（毛细管路径不够或者被检表面覆盖不完整，不能吸出足够的渗透液产生明显的缺陷显示迹痕），也不能太厚（毛细管路径过长，小缺陷内的渗透液不能被吸附到观察面，或者横向扩散导致缺陷显示模糊）。

显像时间：

对于干法显像是指施加显像剂起到开始观察评定缺陷显示的时间，对于湿法显像是指施加显像剂后，从显像剂干燥起到开始观察评定缺陷显示的时间。

施加显像剂后，视具体显像剂产品和被检产品验收技术条件的要求，需要有一个显像时间，以便让缺陷中的渗透液能在显像粉末中基于毛细现象被充分吸附反渗出来形成显示迹痕，这个过程需要的时间一般很短（通常只需要数秒钟，有的甚至即喷即显），但是显像工序必须有显像时间要求，因为如果显像时间过短，则缺陷中的渗透液尚未被完全吸附显示而容易导致漏检，如果显像时间过长，则会发生缺陷显示迹痕过度扩散而显示模糊不清导致误判或漏检。例如我国机械行业标准 JB/T4730.5—2005《承压设备无损检测》第 5 部分：渗透检测中规定为显像剂施加后 7～60 分钟内进行观察检验，JB/T9218—2007《无损检测——渗透检测》规定为显像剂施加后 10～30 分钟内进行观察检验。

显像方式及显像剂种类应根据渗透液种类、试件表面状态进行选择。

着色渗透检测一般最常应用的是溶剂悬浮型显像剂，荧光渗透检测最常应用的是干法显像（也有应用溶剂悬浮型显像剂）。

对于荧光渗透检测，光洁表面优先选用溶剂悬浮型显像剂，粗糙表面优先选用干式显像剂，其他表面优先选用溶剂悬浮型显像剂，其次是干式显像剂，最后才考虑水悬浮型显像剂（检测灵敏度较低）。

对于着色渗透检测，对任何表面状态都优先选择溶剂悬浮型显像剂，其次才是水悬浮型显像剂（检测灵敏度较低）。

观察评定

由于渗透检测是依靠人眼对颜色对比进行辨别，因此除了对于观察用的光强有一定要求外，也对检验人员眼睛的视力和辨色能力有一定的要求（例如不能有色盲、色弱）。

着色渗透检测要求在足够强的白光或自然光下用肉眼观察被检零件的检查面，并对显现的迹痕进行判断与评定。按照我国机械行业标准 JB/T4730.5—2005《承压设备无损检测》第 5 部分：渗透检测中的规定，零件被检表面处的白光照度应 ≥1000 lx，即便在现场检验时也不得低于 500 lx。按 JB/T9218—2007《无损检测——渗透检测》则规定零件被检表面白光照度不应小于 500 lx。

荧光渗透检测的观察检验环境应该在暗区，用足够强度的 UV－A 紫外光（黑光）辐照被检零件的检查面，用肉眼观察对显示的缺陷迹痕进行判断与评定。因此，荧光渗透检测需要设置观察暗室，按我国机械行业标准 JB/T4730.5—2005《承压设备无损检测》第 5 部分：渗透检测中的规定，荧光渗透检测的暗区中白光照度应 ≤20 lx，检验人员进入暗区后，眼睛应有至少 3 分钟适暗时间，然后才能开始检验工作。

按 JB/T9218—2007《无损检测——渗透检测》的规定，零件被检表面的 UV－A 辐照度不应小于 $1000\mu W/cm^2$，暗室环境白光照度不应大于 20 lx。

对于荧光自显像，一般要求零件被检表面的 UV－A 辐照度不应小于 $3000\mu W/cm^2$。

从事荧光渗透检测的检验人员不可以佩戴光敏（光致变色）眼镜在暗室进行观察检验，因为光敏（光致变色）眼镜在黑光辐射下会自动调整光通量，在辐射光较强时变暗，变暗程度与辐射的入射量成正比，影响对荧光显示迹痕的观察和辨认，因此不允许使用。

此外，紫外光对人体皮肤，特别是眼睛有伤害作用，在操作中应注意防护，并且在暗室里工作的人员容易疲劳，连续工作时间不宜太长，中间应有适当的休息时间，以免影响检测质量。

标记与缺陷显示迹痕的记录

渗透检测完毕后应对完成检测的零件加以标记以区别于未检测的零件。

标记的位置和方法应按相关验收技术条件规定，原则是标记应对零件无损伤，不应妨碍以后的复验，并且在后续的搬运中不易被去除、污染。

一般的标记方法包括打印、染色、挂标签、电蚀刻等。

对于发现缺陷的零件，应及时对缺陷显示迹痕进行记录。

记录的方法包括文字记录、绘图记录（绘制零件草图，表明缺陷显示迹痕的相应位置、形状和大小，注明缺陷性质）、照相（注意不能使用闪光灯）、录像、可剥性塑料薄膜显像剂（特种配方）或者透明胶粘带粘贴复制等。目前最常用的方法是使用数码照相机进行照相，然后打印成照片附在检测报告上。

后清理

完成渗透检测的零件需要及时进行后清理，目的是除去显像剂及残留的渗透剂、乳化剂等，以免时间长了以后对零件造成腐蚀以及影响后续工序的进行。

后清理的方法包括有一定压力的水喷洗、溶剂清洗、化学清洗等。清洗完成后应尽快加以干燥，并根据零件的质量要求采用适当的防护措施（例如防锈）。

§3.3 渗透检测的基本流程

渗透检测方法的选择一般首先考虑检测灵敏度的要求，预期检出的缺陷类型和尺寸，还应根据被检零件的大小、形状、数量、表面粗糙度，以及现场的水、电、气的供应情况，检验场地的大小和检测费用等因素综合考虑。

在满足灵敏度要求的前提下，优先选择对检测人员、被检零件和环境无害或损害较小的渗透检测材料与渗透检测工艺方法，包括合适的显像方法以及同族组检测材料等。例如优先选择易于生物降解的材料、优先选择水基材料、优先选择水洗法、优先选择亲水性后乳化法等。

渗透检测工序的安排原则：

（1）渗透检测一般在最终产品上进行。

（2）安排在喷丸、吹砂、涂层、喷漆、阳极化、镀层、氧化或其他表面处理工序之前进行，表面处理后还需局部机械加工的，在机械加工后对该局部要再次进行渗透检测。

（3）被检零件被要求腐蚀检验时，渗透检测应紧接在腐蚀工序后进行。

（4）经过机械加工后的铝、镁、钛合金和奥氏体钢等重要关键零件一般应先进行酸浸蚀或碱浸蚀，然后再进行渗透检测。

（5）对于铸件、焊接件和热处理件，如果渗透检测前允许采用吹砂的方法去除表面氧化物，则重要关键零件吹砂后一般应先进行浸蚀后方可进行渗透检测。

（6）需要热处理的零件应安排在热处理后进行渗透检测，如果要进行两次以上热处理，则应在较高温度的热处理后进行。

（7）使用过的零件（在役零件），应去除表面积碳层、氧化层、涂层或漆层、油污后才能进行渗透检测，完整无缺的脆漆层可不必去除，直接进行渗透检测，如果在脆漆层发现裂纹时，可去除裂纹部位及其附近的漆层再用渗透检测检查基体金属上有无裂纹。

（8）若被检零件同一部位需要进行渗透检测和磁粉检测或超声检测，应首先进行渗透检测，然后才进行磁粉检测或超声检测，因为磁粉检测后残留的磁粉会堵塞缺陷，并且因为有剩磁场的存在使得这些磁粉的去除比较困难，而超声检测后残留的耦合剂对渗透液则是一种污染物质，而且会渗入缺陷而阻碍渗透液的渗入。

（9）在被检零件的同一表面，荧光渗透检测前不允许进行着色渗透检测，防止着色染料对荧光染料的"猝灭效应"发生。

水洗型渗透检测方法的基本工艺流程、适应范围和优缺点：

基本流程：预清洗—渗透—滴落—最终水洗—干燥—显像—观察检验—后处理。

干粉显像法：预清洗—渗透—滴落—水洗—干燥—干粉显像—检验—后处理。

水基湿式显像：预清洗—渗透—滴落—水洗—水基湿式显像—干燥—

检验—后处理。

非水基湿式显像：预清洗—渗透—滴落—水洗—干燥—非水基湿式显像—检验—后处理。

水洗型渗透检测方法适用于检测灵敏度要求不高，工件表面粗糙度较大，带有销槽或盲孔以及大面积工件的检测，例如锻、铸件毛坯和焊接件。

水洗型渗透检测方法的优点是渗透后可以直接用水清洗，操作简便和检测费用低，检测周期较短，能适应绝大多数类型缺陷的检测，特别是适合于表面较粗糙的工件。

水洗型渗透检测方法的缺点是检测灵敏度相对较低，特别是对浅而宽的表面开口缺陷容易漏检，重复检验时的复现性差，不宜用于复检和仲裁检验。如果清洗方法控制不当（例如水洗时间长、水温高、水压大、喷射角度垂直等）容易出现过清洗而降低缺陷检出率。水洗型渗透液的配方复杂，抗水污染能力弱，容易受酸污染，特别是铬酸、铬酸盐影响较大。

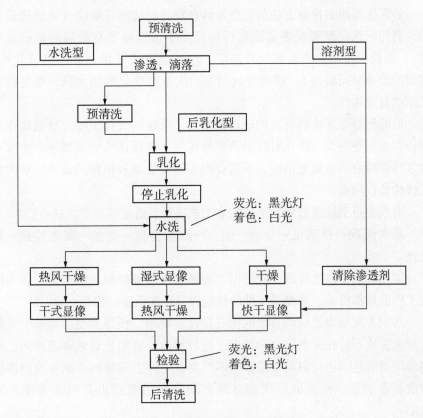

图 47　渗透检测的基本流程

后乳化型渗透检测方法的基本工艺流程、适应范围和优缺点：

后乳化型渗透液中不含乳化剂，需要在渗透并初步清洗后单独进行乳化处理以改善渗透液的可水洗性，然后再进行最终清洗。

基本流程：预清洗—渗透—滴落—预水洗—乳化—滴落—最终水洗—干燥—显像—观察检验—后处理。

干粉显像法：预清洗—渗透—滴落—预水洗—乳化—滴落—最终水洗—干燥—干粉显像—检验—后处理。

水基湿式显像：预清洗—渗透—滴落—预水洗—乳化—滴落—最终水洗—水基湿式显像—干燥—检验—后处理。

非水基湿式显像：预清洗—渗透—滴落—预水洗—乳化—最终水洗—干燥—非水基湿式显像—检验—后处理。

后乳化型渗透检测方法适用于质量要求高或经过机械加工的光洁零件的检验，如汽轮机叶片、涡轮盘与涡轮叶片、压气机盘等机械加工零件。

后乳化型渗透检测方法的优点是具有较高的检测灵敏度（在渗透检测中，利用后乳化型荧光渗透液进行的荧光渗透检验具有最高的检验灵敏度），能检出浅而宽的表面开口缺陷，渗透速度快（渗透剂不含乳化剂，需要的渗透时间较短），渗透液抗污染、抗温度变化的能力强，重复检验缺陷的复现性好。

后乳化型渗透检测方法的缺点是增加了单独的乳化工序，导致操作周期长，检测费用大，乳化时间必须严格控制才能保证检验灵敏度，要求被检零件有较好的表面光洁度，不适合用于检验表面较粗糙的试件，对大型工件检验较困难。

溶剂去除型渗透检测方法的基本工艺流程、适应范围和优缺点：

基本流程：预清洗—渗透—滴落—溶剂擦拭—显像—观察检验—后处理。

溶剂去除型渗透检测方法适用于表面光洁的零件和焊缝检验，能适应大工件的局部检验、非批量工件的检验以及现场检验的需要。

溶剂去除型渗透检测方法的优点是设备简单，操作方便，对单个工件检验速度快，可在无水、电的场合下进行检验。特别是着色渗透检测，缺陷污染对着色渗透检测灵敏度影响不严重，零件上残留的酸碱对着色渗透液破坏不明显，与溶剂悬浮型显像剂配合使用能检出开口非常细小的缺陷。

溶剂去除型渗透检测方法的缺点是所用材料多数易燃、易挥发，必须充分注意防火安全和人员防护，不太适合批量零件的连续检验，也不适合表面粗糙的零件，擦拭表面多余渗透液时容易将浅而宽的表面开口缺陷中的渗透液去除，导致显示效果较差而造成漏检。

渗透检测的基本流程如图 47 所示。

§3.4　影响渗透检测质量的因素

（1）被检零件的表面光洁度：零件表面粗糙时，多余的渗透液不容易清除干净，因而在显像时容易造成背景衬托不清楚而可能产生伪显示（假迹痕）或者遮蔽、干扰对缺陷迹痕的判断与评定。

（2）被检零件的预清洗与渗透后清洗：零件预清洗不良时，表面污染将会妨碍渗透的进行，特别是表面缺陷内的充填物太多时，将缺陷堵塞，妨碍渗透液的渗入，因而使得缺陷可能无法检出。

在渗透后或乳化后的清洗中，如果清洗过度（例如清洗时间过长、清洗用水的水压过大或者水温过高等）将会使一部分已经渗入缺陷的渗透液被洗掉，从而不能检出缺陷，而如果是清洗不足则导致零件表面残留较多的渗透液，以致在施加显像剂时形成杂乱的背景，干扰对显示迹痕的辨别，甚至出现伪显示。

（3）渗透液的性能：包括渗透液的渗透能力、可去除性、着色渗透液的颜色与显像剂的对比度、荧光渗透液的荧光强度，等等。

（4）显像剂性能：包括吸附渗透液的能力、与渗透液的对比度（背景衬度）、自身污染情况（特别是荧光渗透检测使用干粉法时显像干粉如氧化镁粉的荧光污染）等。

（5）观察评定的环境条件：包括着色渗透检验时的白光强度，荧光渗透检验的紫外线波谱范围、辐射强度及环境黑暗度等。

（6）操作人员的经验与技术水平、身体状况。

§3.5　渗透检测显示结果的解释和评定

渗透检测显示结果的解释是对观察到的显示迹痕进行研究分析，判断其是否属于缺陷显示。

渗透检测的缺陷评定是在确定为缺陷显示后对缺陷的严重程度进行评定，按指定的验收标准作出合格与否的结论。

对渗透检测的显示迹痕首先应当进行真伪缺陷显示的判别，对于不能明显判别为缺陷的显示，通常的做法是用干净的擦拭物擦去该部位的显像剂，再重新施加显像剂，如果显示重复出现，则可判定为缺陷（这种方法仅适用于较深的缺陷，因为有较多的渗透液存在于缺陷内，但是对于浅而宽的缺陷不适用，最合适的方法应该是对有怀疑的部位彻底清洗干净后重新进行渗透检测全过程），或者擦去该部位的显像剂后用 5 ~ 10 倍放大镜观察（这种方法适用于判别表面划痕、凹坑或开口较大而较浅的裂纹）。

由于渗透检测过程中的操作不当，导致例如背景过于恶劣（清洗不足），或者虽然擦去该部位的显像剂并重新施加显像剂，显示迹痕却没有重复出现，但是对该显示迹痕仍有怀疑时，则必须从预清洗开始重复渗透检测全过程（称为复验），复验操作一定要注意不允许从中间过程开始重复，复验用的渗透检测材料也应该与原来使用的渗透材料相同。

此外，由于着色染料对荧光染料有猝灭效应，因此，着色渗透检测过的零件不能用荧光渗透检测方法来复验。

渗透检测显示迹痕的分类

真实显示（又称为相关显示）

这即是缺陷显示，是由缺陷或不连续性引起的显示迹痕，例如焊接裂纹、铸造冷隔、锻造折叠等。

非相关显示（又称为不相关显示）

这是指非拒收缺陷的显示迹痕，它不是由缺陷或不连续性引起的，而是由零件的加工工艺、结构外形（例如键槽、花键和装配结合缝）以及表面划伤、刻痕、凹坑、毛刺、焊斑、松散的氧化层等引起的显示迹痕，一般不作为渗透检测拒收的显示。

假显示（又称虚假显示、伪缺陷显示）

这是由于不适当的操作方法或处理产生而被误认为不连续性或缺陷的显示迹痕，主要的产生原因包括：操作者的手（手指纹印）或检验工作台上的渗透液污染（渗透液滴印），显像剂受渗透液污染，擦布或擦纸上脱落纤维毛屑上的渗透液污染（纤维绒毛印），清洗工序中渗透液飞溅到已清洗干净的零件上，盛装零件框或吊具上残存的渗透液与已清洗干净的零件接触造成污染，工件上缺陷处渗出的渗透液使相邻的工件受到污染等。

当怀疑显示迹痕可能是虚假显示时，可用干净的擦拭物擦去该部位所怀疑的显像剂，然后喷洒上一薄层显像剂，如果不重新显示，即可判断为虚假显示。

缺陷显示的分类

线状显示

线状显示通常以显示迹痕的轴向长度≥3 倍直径来定义（也有的产品验收标准规定按显示迹痕的轴向长度 >3 倍直径来定义），包括连续线状显示、断续线状显示（通常把两个或两个以上大致在一条直线上，且相邻两个显示迹痕的间距小于 2mm 时作为断续线状显示，其长度等于各显示迹痕的长度和相邻显示迹痕之间的间距的总和，即包括间距综合计算长度，但是也有的产品验收标准规定综合计算长度时不包括间距）。

圆形显示

圆形显示通常以显示迹痕的轴向长度 <3 倍直径来定义（也有的产品验收标准规定按显示迹痕的轴向长度≤3 倍直径来定义）。

单独显示

这是指在检测表面上仅为单独存在的缺陷显示迹痕。

弥散（分散）显示

在检测表面的一定面积范围内同时存在几个长度较小的单独缺陷显示迹痕，而且它们相互的间距大于缺陷显示迹痕长度时可看作为分散显示。

成组（密集）显示

在检测表面的一定面积范围内同时存在几个长度较小的缺陷显示迹痕，但是如果缺陷显示迹痕的最短长度小于 2mm，而且间距又小于该显示迹痕长度时，或者显示迹痕相互的间距小于最短的缺陷显示长度，则可看作为密集显示。

纵、横向缺陷显示

缺陷显示迹痕的长轴方向与被检零件轴线或母线夹角大于等于30°时按横向缺陷判定，其他则按纵向缺陷判定。

渗透检测的常见缺陷及其显示迹痕的特征

气孔

气孔一般呈圆形、椭圆形或长圆条形的清晰显示迹痕，其颜色均匀地向边缘减薄。

密集性气孔可能会显现为有一定面积性的块状显示，而链状气孔可能会显现为有一定长度的长条形宽线条显示，这是因为气孔内容纳有较多的渗透液，显像时回渗严重使显示迹痕随显像时间的延长而迅速扩展。

裂纹

裂纹有多种产生原因，因此往往有不同的显示迹痕表现。

焊接热裂纹通常产生在焊缝中心（纵向），一般呈现曲折的波浪状或锯齿状、树枝状等清晰的细线条迹痕，手工电弧焊焊接的火口裂纹（弧坑裂纹）产生在断弧的火口处，多呈星状，有时因裂纹较深，渗透液回渗较多而使迹痕扩展成圆形。

焊接冷裂纹通常产生在焊道与母材熔合线附近并与熔合线平行或近乎垂直，一般呈直线状的细线条，中部稍宽，两端尖细，颜色（或荧光亮度）逐渐减淡至最后消失；

单面焊焊缝的根部未焊透显示迹痕多为一条连续或断续的线条，宽度一般较均匀且取决于焊件的坡口间隙。

延伸至表面的焊缝坡口未熔合显示迹痕多为直线状或椭圆形的条状，有长有短，呈断续状，有时较直，有时呈弯曲状，但总体分布呈一条直线状，多出现在焊缝侧边靠近熔合线。

铸造热裂纹一般出现在零件的应力集中区且较浅，迹痕特征与焊接热裂纹相同（称为热撕裂）。较深的铸造裂纹由于渗透液回渗较多而可能失去裂纹外形，甚至有时会扩展呈圆形显示。

铸造冷裂纹一般出现在零件的截面突变处，迹痕特征与焊接冷裂纹相同，裂纹较深时，渗透液回渗多，有时甚至会扩展成圆形显示。

暴露到铸造件表面的冷隔缺陷常出现在远离浇口的薄截面处，呈粗大且两端圆秃的光滑线状，或者紧密、连续或断续的光滑线条。

暴露到表面的铸件中的疏松缺陷常表现为一个区域中呈现密集点状或

密集短条状、聚集的块状，多为散乱分布，每个点、条、块的显示有时是由很多靠得很近的小点显示连成一片而形成的。

锻件上的折叠多发生在锻件的圆弧转接过渡部位，通常显示迹痕为连续或断续的有一定弧度的光滑细线条。

热处理淬火裂纹一般起源于零件的刻槽、尖角等应力集中区，呈细线状、树枝状或网状的细线条，裂纹起源处宽度较宽，随延伸方向逐渐变细，显示形状清晰。

机械加工的磨削裂纹一般出现在一定范围内，较浅并基本垂直于磨削方向，呈断续条纹、辐射状或网状条纹。

在役零件的疲劳裂纹往往起源于零件上的划伤、刻槽、陡的内凹拐角及表面缺陷处，一般呈线状、曲线状，随延伸方向逐渐变得尖细。

……等等。

渗透检测缺陷显现迹痕示例：见"附件"彩页图48至图85。

缺陷评定验收的依据

渗透检测的缺陷评定验收依据产品验收标准或相关的技术文件，评定时要注意按验收标准或相关的技术文件规定的显像时间内对缺陷显示迹痕进行评定，评定后应及时做好记录和在零件上做出相应标记和处理，防止不合格零件混入合格零件中。

渗透检测记录和报告一般应包括的基本内容

（1）被检零件的状态（工件名称与编号、形状和尺寸、数量、材质和加工工艺以及热处理状态、表面粗糙度等）；

（2）渗透检验方法及条件（渗透液、乳化剂、显像剂以及去除剂的种类型号，表面清理与预清洗方法，渗透液、乳化剂、显像剂的施加方法，清洗方法及水压与温度，干燥方法及温度与时间，渗透时间及渗透温度，显像时间，乳化时间等）；

（3）渗透检测的检验标准（技术规范）、验收标准及检测结论（缺陷定性、定量与定位，按照有关技术条件注出评定的等级，按照有关验收标准做出合格或不合格结论）；

（4）示意图（检测部位、缺陷显示部位等，可用绘图或照片）；

（5）检验日期，检验人员签名、复核校对人员签名，注明检测人员的技术资格等级、检验单位、检验报告编号等。

渗透检测的应用

铸件一般表面粗糙、形状复杂，给渗透检测的清理和去除工序带来困难，因此常用水洗型荧光渗透检测工艺。

锻件中的缺陷多具有方向性，其方向一般与锻件金属流线平行，但是，缺陷开隙度通常都比较致密细小，因此，一般要求采用较高灵敏度的后乳化型荧光渗透检测工艺，并应适当延长渗透时间。

焊缝的冶金组织状态与铸件相似，由于通常是对焊接构件上的焊缝部位进行局部检测，故常用溶剂去除型着色渗透检测工艺，在环境黑暗的场合（例如船舱或压力容器内部）则建议采用溶剂去除型荧光渗透检测。

在役零件上的缺陷主要是指疲劳裂纹、应力腐蚀裂纹和晶间腐蚀裂纹等，多表现为细微裂纹，因为经常是要求原位检测，因此，一般采用灵敏度较高的溶剂去除型着色渗透检测或者荧光渗透检测较好，并且要求较长的渗透时间，甚至可以利用加载方法辅助以促进渗透效果，在检测中应该特别注意预清洗的质量。

非金属材料一般要求的检测灵敏度较低，采用水洗型着色渗透检测工艺即可，并可采用较短的渗透时间，但是，要注意渗透检测材料中的溶剂等会否与所检测的非金属材料发生作用，例如溶化、侵蚀等，从而导致被检零件的损坏。

§3.6 渗透检测作业指导书示例

钢结构手工电弧焊焊缝的着色渗透检测

依据检测标准：JB/T4730.5—2005《承压设备无损检测》第5部分：渗透检测。

检测要求：JB/T4730.5—2005的Ⅱ级。

渗透检测系统：

上海船牌助剂有限公司 HD－G 标准型着色渗透探伤剂喷罐套装

溶剂悬浮型显像剂

三点镀铬试块

观察条件：自然光下肉眼观察，被检测面的白光照度不得低于 500lx，必要时可用白光照度计测量确认。必要时可使用 5～10 倍放大镜作辅助观察。

检测顺序：

其一，检测准备：焊缝表面及焊道两侧 25mm 范围内为检测范围，应首先用干净的擦拭物（棉布或擦拭纸）擦去浮锈和尘土，然后往焊缝检测范围喷涂清洗液，再用干净的擦拭物擦净，晾干表面至少 5～10 分钟。在此同时应将保存完好并清洗干净的三点镀铬试块放在检测部位旁边，将与焊缝渗透检测操作同时进行。

其二，检测工艺：

（1）在清洗干净并已晾干的检测面上（包括三点镀铬试块）喷涂着色渗透液，应保证覆盖所有检测范围，并注意保持检测面上的渗透液始终为湿润状态，必要时需重复喷涂，渗透时间为 15 分钟。

（2）达到渗透时间后，先用干净的擦拭物揩擦掉检测面上的着色渗透液，注意及时更换擦拭物，防止重复沾染渗透液，直至擦拭物上不再有红色，然后把清洗液喷在干净的擦拭物上至沾湿程度（注意擦拭物不能达到润湿程度，即不能被清洗液浸透）后擦拭检测面，注意擦拭时只能按一个方向擦拭，不能来回反复擦拭，注意及时更换擦拭物，防止重复沾染渗透液，直至擦拭物上不再有红色，最后用干净的擦拭物再擦拭一遍，自然晾干表面为 2～3 分钟。

（3）把溶剂悬浮型显像剂压力喷罐上下左右摇动，使罐内的悬浮显像液达到充分均匀，然后向检测面喷涂显像液，注意喷嘴距离检测面应有至少 300mm 的距离，喷射方向与检测面倾斜为 30°～40°，应注意沿一个方向移动进行喷涂，注意保证覆盖全部检测面，并且喷涂上去的显像剂层应该薄而均匀，不能反复喷涂。

（4）喷涂显像剂后静置 7 分钟，然后在自然光下进行观察，首先应观察三点镀铬试块的三点显示迹痕是否能够清晰完整显示，以判别渗透检测工艺是否正常，确认渗透检测工艺正常后，对焊缝检测范围进行观察检验，并应在 60 分钟内观察完毕。如果环境亮度不能满足观察要求，可施加辅助照明，通常 100W 日光灯管距离 1 米时在工件上可达到 500lx 的照度。

（5）评定：判断焊缝检测范围显示迹痕的性质，用钢板尺量度显示迹痕的尺寸（长度或直径）。

（6）记录：可用手工绘图、照相等方法记录显示迹痕的位置、形状，注意采用照相方法时在显示迹痕旁边应放置钢板尺同时摄入画面。

（7）填写检测报告。

其三，结果评定：按检测要求的 JB/T4730.5—2005 的 Ⅱ 级进行评定以判断被检测焊缝是否合格：不允许任何线性缺陷，在 35mm×100mm 评定框内直径小于等于 4.5mm 的圆形缺陷少于或等于 4 个。

其四，报告编制：渗透检测报告至少应包括：委托单位、被检工件（名称、编号、规格、材质、坡口型式、焊接方法和热处理状态）、渗透检测剂名称和牌号、检测规范（检测比例、检测灵敏度校验及试块名称、预清洗方法、渗透剂施加方法与渗透时间、去除方法、干燥方法与干燥时间、显像剂施加方法与显像时间、观察方法、后清洗方法、环境温度等）、渗透检测显示迹痕记录（包括绘制草图或照片）、检测结果与结论、检测标准名称和验收等级、检测人员和责任人员签字及其技术资格、检测日期。

其五，检测后处理：检测完成后用清洗剂喷洗加擦拭物擦拭进行后清洗。

奥氏体不锈钢铸坯的着色或荧光渗透检测

依据检测标准：JB/T9218—2007《无损检测——渗透检测》。

检测要求：JB/T9218—2007《无损检测——渗透检测》的 2 级。

渗透检测系统：

上海沪船助剂厂水洗、溶剂清洗型着色渗透探伤剂喷罐套装 HD – 标准 G

上海沪船助剂厂水洗、溶剂清洗型荧光渗透探伤剂喷罐 HD – FP

上海沪船助剂厂清洗剂喷罐 HD – BX

上海沪船助剂厂溶剂悬浮型显像剂喷罐 HD – XS

瑞迪（北京）探伤设备有限公司 UVL – I 型便携式 LED 黑光灯

不锈钢镀铬三点式试块（B 型）

观察条件：

着色渗透检测：自然光下肉眼观察，被检测面的白光照度不得低于 500 lx，必要时可用白光照度计测量确认。如果环境亮度不能满足观察要求，可施加辅助照明，通常 100W 日光灯管距离 1 米时在工件上可达到 500 lx 的照度。

荧光渗透检测：缺陷迹痕的评定应在黑光下进行，检测表面黑光照度

应至少大于或等于 $1000\mu W/cm^2$，环境白光照度应不大于 20 lx。

检测顺序：

其一，检测准备：铸坯表面经过打磨处理，所有表面均为检测范围，应首先用干净的擦拭物（棉布或擦拭纸）擦去浮锈和尘土，然后喷涂清洗液，用牙刷进行刷洗，然后用干净的擦拭物擦净，晾干表面至少 5 ～ 10 分钟。

其二，检测工艺：

（1）在清洗干净并已晾干的检测面上喷涂着色渗透液或荧光渗透液，应保证覆盖所有检测范围，并注意保持检测面上的渗透液始终为湿润状态，必要时需重复喷涂，渗透时间为 15 分钟。

（2）达到渗透时间后，先用干净的擦拭物揩擦掉检测面上的渗透液，注意及时更换擦拭物，防止重复沾染渗透液，直至擦纸上不再有红色（着色渗透液）或黄绿色（荧光渗透液），然后把清洗液喷在干净的擦拭物上至沾湿程度后擦拭检测面，注意擦拭物不能达到润湿程度，即不能被清洗液浸透，注意擦拭时只能按一个方向擦拭，不能来回反复擦拭，注意及时更换擦拭物，防止重复沾染渗透液，直至擦拭物上不再有渗透液的颜色，最后用干净的擦拭物再擦拭一遍，自然晾干表面为 2 ～ 3 分钟。

为了提高工作效率，也可以先将工件用低压自来水流洗去除表面明显多余的渗透剂，流洗时间不得超过 30 秒，注意水压和时间控制避免过清洗，然后迅速用干净的擦拭物揩擦掉检测面上的水和渗透液，再继续按照上述的擦拭方法操作。

（3）把溶剂悬浮型显像剂压力喷罐上下左右摇动使罐内的悬浮显像液达到充分均匀，然后向检测面喷涂显像液，注意喷嘴距离检测面应有至少 300mm 的距离，喷射方向与检测面倾斜为 $30° ～ 40°$，应注意沿一个方向移动进行喷涂，注意保证覆盖全部检测面，并且喷涂上去的显像剂层应该薄而均匀，一次完成一个检测面喷涂，在一个检测面上不能反复喷涂。

（4）喷涂显像剂后静置 10 分钟，然后开始观察评定，应在 30 分钟内观察评定完毕，着色渗透检测在足够亮度的自然光下进行观察，荧光渗透检测应在暗区在黑光下进行，可以使用 2 ～ 10 倍放大镜辅助观察。

（5）评定：判断显示迹痕的性质，用钢板尺量度显示迹痕的尺寸（长度或直径）。

（6）记录：可用手工绘图、照相等方法记录显示迹痕的位置、形状，注意采用照相方法时在显示旁边应放置钢板尺同时摄入画面。

（7）填写检测报告。

其三，结果评定：按 JB/T9218—2007《无损检测——渗透检测》的 2 级进行评定是否合格：线性显示≤4mm，非线性显示最大直径≤6mm。

其四，报告编制：渗透检测报告至少应包括：委托单位、被检零件（名称、编号、尺寸、材料、表面状况、生产阶段）、检测目的、渗透检测剂名称和牌号、检测规范（检测比例、检测灵敏度校验及试块名称、预清洗方法、渗透剂施加方法、去除方法、干燥方法、显像剂施加方法、观察方法、后清洗方法、环境温度、渗透时间、干燥时间、显像时间）、渗透显示迹痕记录（包括草图或照片）、检测结果与结论、检测标准名称和验收等级、检测人员和责任人员签字及其技术资格、检测日期。

其五，检测后处理：检测完成后用清洗剂喷洗加刷洗、擦拭物擦拭进行后清洗。

第四章

渗透检测的质量控制与安全防护

§4.1 渗透检测的质量控制

渗透检测的质量控制是保证渗透检测本身工作质量可靠性的重要手段，渗透检测质量控制的内容主要包括：检验人员的技术资格等级控制、渗透检测材料的性能校验、渗透检测设备仪器和试块的质量控制、工艺操作方法与渗透检测系统灵敏度的质量控制、检验环境条件的控制等方面。

§4.1.1 检验人员的技术资格等级控制

从事渗透检测的人员必须具备渗透检测相关的理论知识、实际操作技能和一定的渗透检测实践经验，应经过专业技术资格等级培训并获得相应的技术资格等级才能上岗工作并只能从事与其技术资格等级相适应的工作。

§4.1.2 渗透检测材料的性能校验

渗透检测材料必须采用同一厂家的同组族产品，不同组族的产品不能混用。

渗透检测材料的性能校验项目见表20，新购渗透检测材料应有厂家提供的合格证书，应根据被检产品的技术要求、渗透检测技术规范、验收标准的规定对新购渗透检测材料在使用之前进行检验，确认符合要求后才能投入使用，对在用渗透检测材料应定期检验以确认其性能有效并还能继续使用。

表20　渗透检测材料性能测试项目

材料	测试项目	测试方法及要求
荧光渗透液	外观	在白光下透光目视观察
	相对密度	用比重计或比重天平测定
	粘度	按 GB 265—1988《石油产品运动粘度测定法和动力粘度计算法》采用品氏毛细管粘度计测定运动粘度
	表面张力	用滴重法、毛细管法或扭转天平法测定
	闪点	用闭口闪点测定仪测定
	荧光色	滤纸滴定法在黑光下目视观察
	荧光亮度	滤纸浸液后在荧光亮度计中测定或将被检验荧光渗透液与标准荧光渗透液在相同辐照条件下比较。
	黑点直径	曲率半径 1060mm 的平凸透镜在平板玻璃上测定，黑光下观察
	腐蚀性	常温、中温、高温、高温应力腐蚀试验
	灵敏度	PSM5 试块或 A、B 或其他灵敏度试块测定
	含水量	包括含水量和容水量
	清洗性	PSM5 试块或 100 目吹砂钢板试验
	稳定性	温度稳定性、黑光辐照稳定性、热稳定性
	槽液寿命	按规定的试验方法检验，不应出现有分离、沉淀或形成泡沫

续上表

材料	测试项目	测试方法及要求
着色渗透液	外观	在白光下透光目视观察
	粘度	按 GB 265—1988《石油产品运动粘度测定法和动力粘度计算法》采用品氏毛细管粘度计测定运动粘度
	相对密度	用比重计或比重天平测定
	表面张力	用滴重法、毛细管法或扭转天平法测定
	闪点	用闭口闪点测定仪测定
	着色强度	用滴定法在白光下目视观察液滴的染色力
	染色均匀性	要求滴在滤架上的液滴没有沉淀圈，无分层现象
	白点直径	曲率半径 1060mm 的平凸透镜在平板玻璃上测定，白光下观察
	比色消光值	用光电分光光度计、光电比色计测定
	灵敏度	用 A、B 或其他灵敏度试块测定
	清洗性	PSM5 试块或 100 目吹砂钢板试验
乳化剂	外观	取已使用过的和未使用过的乳化剂各 10ml 置入玻璃试管在白光下对比观察其透明度和色泽有无明显变化以及杂质是否过多；后乳化型荧光渗透探伤用的乳化剂还要在黑光辐照下观察荧光污染是否严重
	清洗性	PSM5 试块或 100 目吹砂钢板试验
	含水量	包括含水量和容水量
	闪点	用闭口闪点测定仪测定
	粘度	按 GB 265—1988《石油产品运动粘度测定法和动力粘度计算法》采用品氏毛细管粘度计测定运动粘度
	槽液寿命	按规定的试验方法检验，不应出现分离、沉淀或形成泡沫

续上表

材料	测试项目	测试方法及要求
显像剂	外观	目视观察与渗透剂的对比度；干式显像剂粉末是否干燥、白净、松散，有无结块和杂质、污物；目视观察湿式显像剂悬浮液是否均匀，有无杂质污染
	荧光污染	荧光渗透探伤用的干式、湿式显像剂还要在黑光辐照下观察荧光污染是否严重
	可清除性	PSM5试块或100目吹砂钢板试验
	再分散性	针对悬浮型显像剂，首先通过摇动、搅拌使其达到充分均匀的悬浮，然后静置24小时，再轻轻摇动并目视检验，应容易地再悬浮
	显像性能	与标准显像剂在同一裂纹试块上按相同渗透检测工艺进行比较
清洗剂	外观	目视观察使用后的清洗剂被杂质污染的程度是否严重、透明度和颜色有无明显变化
	去除性能	与标准清洗剂在同一裂纹试块上按相同渗透检测工艺进行比较

表21　在用渗透检测材料的检查周期（推荐）

检查项目	检查周期	检查项目	检查周期
渗透液的污染	每天	乳化剂的可去除性	每月
水基渗透液的浓度	每周	干粉显像剂外观及荧光检查	每天
水洗型渗透液的含水量	每周	水溶性和水悬浮显像剂污染	每天
荧光渗透液的荧光亮度	每季	水溶性和水悬浮显像剂浓度	每周
渗透液的可去除性	每月	亲水性乳化剂浓度	每周
渗透液的灵敏度	每周	系统性能	每天
亲油性乳化剂的含水量	每月		

注：渗透液的可去除性、渗透液的灵敏度和乳化剂的可去除性在系统性能检查中即可结合完成。

渗透剂的外观检查

用玻璃烧杯盛装渗透液在白光下透光目视观察，渗透液应清澈透明、色泽鲜艳、无杂质污物、无变色、沉淀或分层、絮状物等。此外，着色渗透液在白光下透光观察应呈鲜艳的红色，荧光渗透液在白光下透光观察应呈黄绿色，并且在黑光灯照射下应发出明亮的黄绿色荧光，着色荧光渗透液在白光下透光观察应呈鲜艳的红或橙色，在黑光灯下应发出明亮的黄绿色或相应颜色的荧光。

渗透剂的润湿性能检查

用干净的铝板（因为铝板的润湿性能不如钢铁材料），将渗透液均匀喷涂或刷涂其上成薄膜状，或者浸入渗透液后提起平放，经过10分钟后观察，渗透液应铺展润湿铝板表面，渗透液层不应收缩，也不形成小泡，不应暴露出铝板的银白色。

水洗型渗透液的含水量测定

水洗型渗透液被水污染后，会导致密度增加，渗透能力下降，含水量增大到一定程度就会出现凝胶、分离或凝结，导致检测灵敏度降低，此时该渗透液就必须报废。因此，需要测定渗透液中所含水分的体积与渗透液总体积之比，主要针对新购水洗型渗透液（一般要求≤2%）和使用中的水洗型渗透液（一般要求≤5%）。可以利用浓度测试折射仪测量，或者利用专用的蒸馏法水分测定器测量（图86）。

蒸馏法水分测定器测量方法：

取100ml水洗型渗透液和100ml无水溶剂（常用二甲苯）置于容量500ml的圆底烧瓶中，摇动5分钟左右使其混合均匀，然后用电炉或酒精灯、小火焰煤气灯加热烧瓶，使水分蒸发，水蒸气在冷凝管处受冷凝结成水而回落到集水管中，加热时要注意加热速度不要过快防止烧瓶破裂伤人并控制回流速度，令冷凝器下方的内管斜口大约每秒钟滴下2~4滴液体进入带有ml刻度的集水管即可，至不再有冷凝水滴时结束。则：含水量＝［集水管中水的体积（ml）/100ml］×100%。

水洗型渗透液的容水量（亦称水宽容度）测定

这是指使得水洗型渗透液刚开始出现分层、浑浊、凝胶等现象时的最大含水量，是针对新购水洗型渗透液的性能测试项目之一，用于鉴定其抗衡水污染的能力。

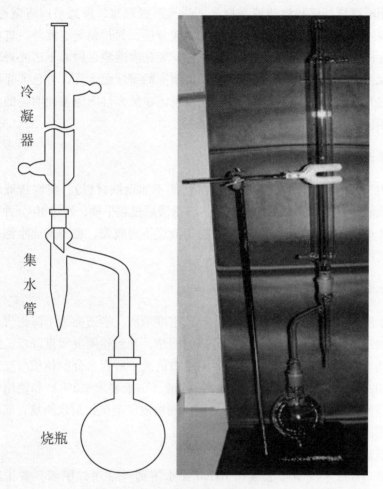

冷凝器

集水管

烧瓶

图86　蒸馏法水分测定器

一般要求容水量≥5％，亦即要求能忍受不少于5％的水增加而不会发生凝胶、分离或凝结。

测试方法：

例如美国宇航材料规范 AMS 2644D 规定：在21±3℃的温度条件下取20mL±0.5 mL 样品到一个 50mL 的大口杯，杯中放入一根直径 5/16 英寸（7.9mm）、长 1 英寸（25mm）的磁性搅拌棒，大口杯置于磁性搅拌器上，搅拌器调整到搅拌棒能以一定旋转速度提供快速混合而不会有空气泡产生（转速大约为 60 转/分钟）。用一支带刻度的 10ml 滴管逐滴加入清水直至被测渗透液开始变得浑浊或随搅拌放慢而观察到渗透液变浓稠时（这时称为结束点），按实际加水量和被测渗透液的原始20ml量计算容水量。

结束点是在样品旋转和借助搅拌棒临时性减速所注意到的呈现混浊或变浓稠时确定的。有些水洗型渗透液产品可能不呈现一个结束点，这是因为它们含有清洁剂成分。

最后计算得到该渗透液的水宽容度（按百分比）＝ $[B/(20+B)]$ ×100，式中：B 为滴管读数，单位毫升，即加入水的总量。

另一种简单的测试方法是取50ml水洗型渗透液置于100ml的玻璃量筒中，用0.5ml刻度的滴管以0.5ml的增量逐次往渗透液中加水，每次加水后用塞子塞住量筒颠倒几次后静置，观察渗透液有无出现浑浊、凝胶、分层等现象，至出现浑浊、凝胶、分层等现象时停止加水，得到容水量＝［加入水的总量（ml）/50ml＋加入水的总量（ml）］×100％。

槽液寿命

在用渗透检测流水线的浸渍槽中的渗透液与乳化剂承受污染、环境温度与湿度变化、空气卷入、氧化等干扰因素，因此，存在一定的使用寿命限制而必须加以监测。

取50 mL样品放入无盖的名义直径150mm的玻璃培养皿中，置入一个对流烘箱中，在50±3℃温度下保温7个小时，然后取出并冷却到室温，检验材料不应有分离、沉淀、泡沫或浮渣形成。

渗透液的色泽或荧光亮度比较测定

简单的方法是对新购渗透液和在用渗透液做目视对比，各自密封放置4小时以上，然后在白光或黑光灯下比较色泽或荧光亮度，并观察有无分层、沉淀等现象。

准确试验应使用荧光亮度计（用于荧光渗透液荧光亮度值测量）、光电比色计或分光光度计（用于着色渗透液消光值测量）进行标准渗透液（原液）与在用渗透液的比较测定。

在用荧光渗透液荧光亮度的一种测量方法是利用黑光灯和黑光照度计进行比较测量：用两张滤纸分别用标准荧光渗透液和待检荧光渗透液浸湿并烘干，在黑光灯下比较两者发光强度，如果没有明显差别，则说明待检荧光渗透液发光强度合格。

如果发现有明显差别，则应作进一步比较试验：用二氯甲烷分别将标准荧光渗透液和待检荧光渗透液稀释到10%体积百分数，再用两张80mm×80mm的滤纸分别在上述两种稀释液体中浸湿，然后在85℃以下的烘干装置中烘干。将黑光照度计置于黑光灯下，移动位置和与黑光灯的距离，使得黑光照度计最大读数达到250 lx，然后取出黑光照度计内的荧光板，分别换入浸过荧光渗透液并已干燥的滤纸，读取此时黑光照度计的读数，记下两张滤纸各自的读数。两张滤纸的读数之差除以浸渍标准荧光渗透液的滤纸的读数，以百分比表示，即可知道待检荧光渗透液的发光强度下降情况。

按一般标准要求，如果得到的百分比大于25%，即表明待检荧光渗透液的发光强度下降到标准荧光渗透液发光强度的75%以下，应予以更换，也有更严格的标准要求待检荧光渗透液的发光强度不应低于标准荧光渗透液发光强度的85%。

灵敏度试验

用PSM试块（五点试块）以被检渗透液与未使用过的同组族去除剂和显像剂组成渗透检测系统进行试验，或者用A或C型试块，以相同渗透工艺操作对标准渗透液与被检渗透液进行比较试验（原液的灵敏度验收试验一般用五点试块）。

表22　用PSM试块（五点试块）校验渗透剂灵敏度的等级

灵敏度等级	显示点数
1/2级－最低灵敏度	1
1级－低灵敏度	2
2级－中灵敏度	3
3级－高灵敏度	4
4级－超高灵敏度	5

黑点试验

黑点试验用于测定荧光渗透液的发光强度，评价荧光渗透液的灵敏度，又称新月试验。

黑点试验的原理是在一定辐照度的黑光照射下，测量荧光液能具有最大发光亮度的最薄层厚度（临界厚度）。

　　试验方法：在平板玻璃上滴几滴荧光渗透液，将一块曲率半径 1060mm 的平凸玻璃透镜的凸面压在荧光渗透液上（图 87），此时在透镜与平板接触点上的荧光渗透液厚度为零，接触点附近的荧光渗透液成薄膜状，离中心越近，液层越薄，在黑光辐射下，临界厚度以上的薄层能发出最大的荧光亮度，而在接触点及临界厚度以下的极薄层的荧光渗透液不能发出荧光而形成黑点，由于临界厚度以上的荧光亮度与临界厚度处相同，故用临界厚度值来表示荧光液在黑光辐射下的发光强度，临界厚度越小，亦即黑点直径越小，说明荧光渗透液在黑光辐射下的发光强度越大，在渗透检测时，该荧光渗透液扩展成薄膜而在黑光灯下被观察到的可能性越大，亦即荧光渗透液的灵敏度越高。要求用 $R = 1060$mm 的平凸透镜而不用凹皿的原因除了观察条件适合以外，还与重量（压力）有关。因此，常用临界厚度或者直接用黑点直径作为衡量荧光渗透液灵敏度的尺度。

　　一般来说，超亮的荧光渗透液在黑点试验中得到的黑点直径在 1mm 以下。

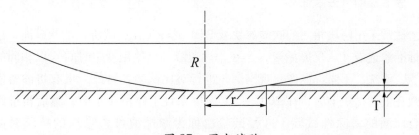

图 87　黑点试验

　　临界厚度与黑点直径的关系式：$T = r^2/2R = d^2/8R$，式中：T 为临界厚度，mm；r 为黑点半径，mm；d 为黑点直径，mm；R 为透镜的曲率半径，mm。

　　例题 9：用一块黑点试验用的标准平凸透镜测得某荧光渗透剂的黑点直径为 2mm，求荧光渗透剂的临界厚度

　　解：根据 $T = r^2/2R = d^2/8R$，式中：r 为黑点半径，d 为黑点直径，R 为透镜的曲率半径，透镜的曲率半径为 1060mm，故：$T = 2^2/8 \times 1060 = 4.7 \times 10^{-4}$mm

　　例题 10：某荧光渗透液的临界厚度为 2×10^{-4}mm，则表现为黑点直径是多少？

119

解：根据 $T = r^2/2R = d^2/8R$，式中：r 为黑点半径，d 为黑点直径，R 为透镜的曲率半径，透镜的曲率半径为 1060mm，故：$d = (8 \times 1060 \times 2 \times 10^{-4})^{1/2} = 1.3$mm

黑点试验也可用于着色渗透液的渗透能力评价，此时是在一定照度的白光照射下，测量着色渗透液未能渗入的接触点直径，称为白点直径，该直径越小，即着色渗透液的渗透能力越强，亦即灵敏度越高。

乳化剂的浓度与含水量试验

亲油性乳化剂一般为厂家提供，可直接使用，不需要另行配制和测量浓度，其含水量检验可以采用与渗透剂含水量测量方法相同的蒸馏法水分测定器测量，一般要求含水量不应超过 5%。

亲水性乳化剂一般需要与水配制后使用，因此不需要测量含水量，但是对其浓度有要求，需要经常测量，保证其浓度在工艺要求的浓度范围内。亲水性乳化剂的浓度可以利用浓度测试折射仪测量。

渗透液的可去除性

通常采用两块相同的吹砂试块或 PSM 试块（五点试块）的吹砂面，使用标准渗透液（入厂原始液）与在用渗透液（已使用一定时间）以相同的渗透、清洗、干燥、显像、观察工艺进行对比试验。另外，也有将渗透液涂敷在上述试块上后，在 20℃ ±5℃ 温度条件下停留 4 小时，然后再继续进行前面的去除性试验，这种试验也称为渗透液可去除性的持续时间试验。

乳化剂的可去除性试验

乳化剂的可去除性试验实际上也就是乳化性能校验，采用两块相同的吹砂试块或 PSM 试块（五点试块）的吹砂面，以使用中的乳化剂和新渗透液为一组，新乳化剂和新渗透液为一组，在相同工艺条件下比较两组的水清洗效果应该达到基本一致。

显像剂的性能校验

无论是新购或者正在重复使用的干粉显像剂，外观检查应为干燥、松散、无聚集颗粒和结块，在黑光灯辐照下应无荧光。

一般的测试方法是在平面上撒放一薄层待校验的干粉显像剂，在符合黑光辐射强度的黑光灯照射下观察有无荧光斑点，并要求在一定面积内荧光斑点数量不能超过一定值。例如，有的标准规定在直径 100mm 圆面积内荧光斑点少于 10 个为合格。

一般利用比重法检验干粉的松散性，即用一个清洁干燥的带刻度 500ml 的玻璃量筒，准确地从 500ml 刻度处切齐，即实现带有刻度且总容积为 500ml，称好量筒重量 G_1（精确到 0.5g），将量筒倾斜，使显像粉末沿筒壁轻轻滑入量筒内直至充满溢出，每添加一次后轻轻恢复垂直位置一次，使得量筒内没有空穴形成，操作过程中严禁摆动或敲击量筒，最后一次以垂直位置装入显像粉末至充满溢出，用直尺轻轻刮平量筒口，然后在量筒口捆扎一张薄纸（防止粉末漏出），让量筒从 25mm 高处垂直地自由下落到厚度 10mm 的硬橡胶板上，反复数次，每次将量筒旋转 90°，直至粉末被墩实，体积不再变化，读取此时粉末体积刻度 V，最后除去捆扎的纸，称取量筒和粉末的总重量 G_2（精确到 0.5g），则：

显像粉末的松散密度 =（$G_2 - G_1$）/500，得到的数值应该小于 0.075，亦即在使用状态下每 1000ml 体积松散的显像粉末重量不应超过 75g。

显像粉末的摇实密度 =（$G_2 - G_1$）/V，得到的数值应该不大于 0.13，亦即在包装运输状态下每 1000ml 体积的显像粉末重量不应超过 130g。

荧光渗透检测中反复使用的湿式显像剂（例如显像液槽）在使用过程中会被零件缺陷中的荧光渗透液、未清洗干净残留在零件上的荧光渗透液等造成荧光污染。

为了校验湿式显像剂有无被荧光污染，可以用一块有一定面积的干净铝板（例如有的标准规定为 80mm × 250mm）浸涂显像剂，取出并干燥，然后在符合黑光辐射强度的黑光灯照射下观察，应无荧光。

悬浮型显像剂的再悬浮性能检验

将水基或非水基悬浮型显像剂充分搅动均匀后静置 24 小时，再搅动时应可观察到很容易达到均匀的再悬浮。

悬浮型显像剂的悬浮性（沉降速率）校验

将水基或非水基悬浮型显像剂充分搅动均匀后，取 25ml 显像剂置于 25ml 量筒中，静置 15 分钟，观察沉淀后的分界线，对于溶剂悬浮型显像剂，一般要求分界线距离最高刻度（25ml）不应大于 2ml，对于水基悬浮型显像剂，一般要求分界线距离最高刻度（25ml）不应大于 12.5ml。

湿式显像剂的灵敏度校验（适应性能检验）

采用与显像剂配套的渗透剂以及相应工艺在裂纹试块上进行渗透检测全过程操作，与标准显像剂进行比较。

湿式显像剂的覆盖性检验

在正确操作方式下，湿式显像剂应能在被检零件表面形成均匀平滑的涂层。

此外，对于湿式显像剂还有可去除性要求，因为涉及渗透检测完成后的后清洗处理。

水溶性湿式显像剂的浓度采用比重计检查，应符合厂家提供的浓度范围。

腐蚀性试验

除了普通的常温腐蚀试验外，对于质量要求高的零件使用的渗透检测材料，还有中温腐蚀试验、高温腐蚀试验、高温应力腐蚀试验的要求。

如美国宇航材料规范 AMS 2644D、我国机械行业标准 JB/T9216—1999《控制渗透探伤材料质量的方法》以及我国国家军用标准 GJB 593.4—1988《无损检测质量控制规范——渗透检验》规定的腐蚀试验方法。

常温腐蚀试验

使用镁合金（AZ－31B 或变形镁合金 MB2 或铸造镁合金 ZM5）、铝合金（如 7075－T6 或 LC4）和铬钼结构钢（4130 钢或 30CrMoA 或等效材料）裸试样（100mm×10mm×4mm），检测面应加工达到平整光滑（表面粗糙度 Ra≤3.2μm，可用 240#金刚砂纸磨光）并用易挥发、不含硫的碳氢化合物溶剂（例如分析纯级丙酮）清洗干净和干燥，然后将试样放置在大小足以容纳试样的有盖封闭的玻璃烧杯中，杯中有待检渗透液，将试样一半浸入渗透液中，另一半留在液面上，保持 12～24 小时，取出试样用蒸馏水或适当的有机溶剂清洗干净并干燥后作目视检查，比较试样进入渗透液与未浸入渗透液的两部分，观察有无出现失光、变色和腐蚀等现象，如两个半面无明显不同则可说明基本无腐蚀。

一些常温腐蚀试验样品如"附件"彩页图 48～图 92。

中温腐蚀试验

使用铝合金（如 7075 – T6 或 LC4）、镁合金（AZ – 31B 或变形镁合金
MB – 5、MB2 或铸造镁合金 ZM5）和铬钼结构钢（4130 钢或 30CrMoA 或
等效材料）裸试样板，长度足以使待检材料在其表面流淌。每个试样的两
侧用#325 砂纸抛光直至清除所有腐蚀与蚀损斑迹痕（表面粗糙度 Ra≤
3.2μm），再逐个用丙酮清洗，用沾湿丙酮的布揩擦抛光面直至布上不再显
现有污迹，在整个制备阶段不允许有水滞留在试板上，在空气中干燥。准
备一个大小足以容纳试样的烧杯，杯内放置被检验的渗透液试样，把制备
好的试样放进试验液体中。试样被渗透液覆盖不应超过试样的 3/4。再将
烧杯置入图 93 所示的巴氏（Parr）量热器或等同于经得起 700kPa 内部压
力的容器，盖上瓶盖并置于温度为 50℃ ±1℃的烤炉内 3 小时，然后取出
试样，用去离子水或适当的溶剂清洗，目视和在 10x 放大倍率下检验有无
明显的氧化、蚀损、蚀刻或腐蚀（包括蚀损、腐蚀引起的白花或变色）。

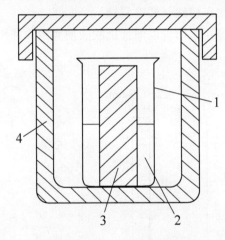

图 93　巴氏（Parr）量热器
1 – 烧杯；2 – 渗透材料；3 – 试样；4 – 量热器

高温腐蚀试验

使用铸造镍基合金 IN 713C（AMS 5391）或镍钴合金切割成大约 1 英寸
（25mm）×0.5 英寸（13mm）×0.1 英寸（2.5mm）厚的裸试样（或者
12×12×2.5mm）。表面应用 600#砂纸打磨制备成平滑均匀的抛光表面。
对每个被检验的渗透液样品应使用四个试样。用被检验的渗透液样品浸渍

或涂敷两个试样，另两块不浸涂。把两个涂敷的和两个未涂敷的试样置入温度保持在 1010 ± 28℃ 的烤炉内 100 ± 4 ~ 5 小时。从烤炉内移出试样并冷却到室温。截取、固定（镶嵌）并抛光每一试样断面。在 200x 放大倍率下检验每个试样的横截面有无明显的晶间腐蚀或氧化。涂敷试样较之未涂敷试样应不表现有更多的腐蚀、氧化、晶粒或损伤。

高温应力腐蚀试验（也称为钛合金热盐应力腐蚀试验）

使用钛合金裸试板 Ti 8Al－1Mo－1V，双重退火（AMS 4916）或者退火状态的 TC4 钛合金。

试板尺寸制备如图 94 所示，金属流线方向应平行于尺寸长度方向。试板的表面粗糙度至少应达到 Ra ≤ 3.2μm。板的折弯轴半径应大于 0.28 英寸（7.1mm）或至少在 7mm 直径的芯棒上弯曲以产生 65° ±5° 的过渡角度。

对每个被检验的渗透液样品应使用四个试板。在施加应力前，试板应用溶剂揩擦或浸渍进行清洗，并用 40% 硝酸（HNO_3）和 3.5% 氢氟酸（HF）混合水溶液稍作酸洗（轻度浸蚀）。

酸洗后的试板应用水清洗以保证把酸液彻底清除并作干燥。

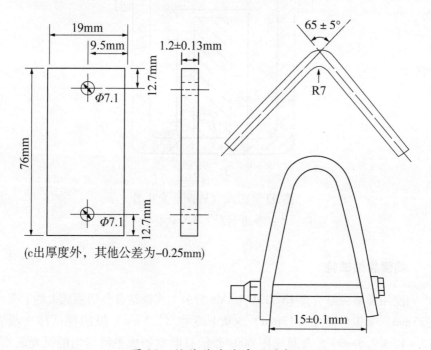

图 94　钛热盐应力腐蚀试板

用一根 0.25 英寸（6.4mm）或 6mm 的螺栓给试板施加应力，如图 94 所示。一个应力试板保持无涂层，一个应力试板上涂敷 3.5% 氯化钠（NaCl）溶液，剩下的两块应力试板用被检验的渗透液样品涂敷（将应力试板开口朝上地浸没在样品中进行涂敷）。涂敷后将应力试板滴落 12 小时或直至干燥。然后把四个应力试板同时置入温度为 538 ±4 ~6℃ 的烤炉内 4.5 ±0.9 小时。

保温结束后取出试板，冷却到室温，观察应力试板上有无裂纹。

涂敷氯化钠溶液的试板没有出现裂纹时，移走螺栓，在 138 ±4 ~6℃ 的温度下在 50%（体积比）氢氧化钠（NaOH）的水溶液中浸泡 30 分钟，随后用水漂洗干净，再用 40% HNO_3 – 3.5% HF 混合水溶液腐蚀 1 ~3 分钟。用 10 倍放大镜观察腐蚀表面。如果其他剩余的试板仍然夹持的情况下未观察到蚀损或裂纹，则也按上述方法进行清洗、腐蚀和检验。如果 NaCl 涂敷的试板没有蚀损凹坑或裂纹，或者未涂敷的试板有凹坑或裂纹，则试验无效并必须重新试验。试板不能重复使用。如果确认试验有效，则用被检验的渗透液样品涂敷的试板应表明没有明显的裂纹。

渗透液的稳定性

渗透液的稳定性可通过以下试验。

荧光渗透液的黑光辐照稳定性试验

荧光渗透液的黑光辐照稳定性与一定强度的黑光照射下渗透液的荧光发光强度不应发生变化有关。

试验方法：

在被检验荧光渗透液中浸湿 10 个滤纸试样，干燥 5 分钟。

在经校验的黑光光源均匀辐照下使用具有光谱灵敏度在 320 ~400nm 的数字式黑光辐射计和荧光亮度计测量，黑光或黑光激励的荧光应显示有良好的可见度。

把黑光光源悬挂在架子上，光源与长形工作台之间的距离大约 305mm。启动光源，预热 5 分钟后，用仪器测量强度。调整光源的距离使得将要摆放滤纸试样位置上的强度达到 $800 ±50 \mu W/cm^2$。

把 5 个制备好的滤纸试样呈直线摆放在黑光光源中心下面曝光 60 分钟。在曝光周期中把其他 5 个滤纸试样摆放在受保护的黑暗区域内（如抽屉、柜子内，要求无强光、无强热、无大的空气流）。

曝光周期结束时，测量滤纸试样的荧光亮度，将曝光与未曝光的试样交互测量以使仪器漂移的影响最小化。必须小心注意只能是测量曝光滤纸试样的曝光侧。最后，通过曝光滤纸试样的荧光亮度平均读数与未曝光滤纸试样的荧光亮度读数比较，以百分比表示，从而确定与验收标准规定的可接受值是否一致。

一般要求低、中灵敏度的荧光渗透液的最低合格值为50%，而高、超高灵敏度的荧光渗透液的最低合格值为70%。

荧光渗透液的热稳定性试验

荧光渗透液的热稳定性涉及干燥工序存在热风干燥时，该工序不应影响渗透液的荧光发光强度。

试验方法：

在被检验荧光渗透液中浸湿10个滤纸试样，干燥5分钟。在一个防强光照射、防热和空气流通位置的夹具上悬挂5个滤纸试样。如果同时进行黑光辐照稳定性试验，相同的5个未曝光滤纸试样可用于两者的试验。另外，5个滤纸试样置于一个清洁的金属板上并保持在不流通空气的设置温度为114℃或更高（有标准要求121±2℃）的烤炉中1小时。

暴露时间过去后，用荧光亮度计交替测量暴露与未暴露滤纸试样的荧光亮度。对于暴露的滤纸试样，其荧光亮度应在相对金属板侧的试样侧面测量。暴露滤纸试样的荧光亮度平均数与未暴露滤纸试样的荧光亮度平均数相比较，以百分比表示，从而确定与验收标准规定的可接受值是否一致。

一般要求低、中灵敏度的荧光渗透液的最低合格值为60%，而高、超高灵敏度的荧光渗透液的最低合格值为80%。

渗透液（包括荧光渗透液与着色渗透液）的温度稳定性试验

渗透液的温度稳定性涉及储存环境温度变化不应影响着色或荧光渗透液的性能。

美国宇航材料规范 AMS 2644D 规定的方法是将不少于1.1升的被检验渗透液静置于密闭的玻璃瓶内（不应搅动或与其它材料混合），冷却到−18℃，保温7小时，然后加热到室温，应表现无分离；再加热到66℃，保温7小时，然后冷却到室温，渗透液应表现无分离，然后在一套裂纹试样上与适当参考系统在相同裂纹试样上的处理结果进行比较来确定。

乳化剂的温度稳定性检查方法类似渗透液的温度稳定性试验。

此外，还有渗透液、乳化剂的粘度测定、闪点测定、渗透液表面张力测定等。

对于新购入的渗透检测材料，除了按前面所述的有关渗透检测材料性能项目进行入厂验收鉴定外，鉴定合格后应取一定容量密封保存作为后续比较鉴定在用渗透材料的标准原液（如我国机械行业标准 JB/T4730.5—2005《承压设备无损检测》第 5 部分：渗透检测规定为 500ml）。

渗透检测材料在使用过程中的鉴定按产品技术条件的规定定期进行。

使用过程中的渗透检测材料质量控制内容一般包括渗透液的污染（每天）、水基渗透液的浓度（每周）、非水基水洗型（A 法）渗透液的含水量（每周）、荧光渗透液的荧光亮度（每季）、渗透液的可去除性（每月）、渗透液的灵敏度（每周）、亲油性乳化剂的含水量（每月）、乳化剂的去除性（每月）、干粉显像剂的状态（每天）、水溶性和水悬浮显像剂的污染（每天）、水溶性和水悬浮显像剂的浓度（每周）、亲水性乳化剂的浓度（每周）、系统性能（每天）。

渗透液的可去除性、渗透液的灵敏度、乳化剂的去除性检查可在系统性能检查中结合完成。

渗透检测系统性能的检验

影响渗透检测灵敏度的主要因素包括渗透液性能的影响、乳化剂的乳化效果的影响、显像剂性能的影响、操作方法的影响和缺陷本身性质的影响等。因此，对于渗透检测系统性能，主要是通过工艺性能控制校验（检测灵敏度校验）来进行鉴定。

通常按如下程序进行：

每天工作班开始时，将标准对比试片或自然缺陷试块放在第一批被检零件中，使用现用的渗透检测系统，按规定的操作工艺进行渗透检测，最后在黑光或白光下检验标准对比试片或自然缺陷试块的缺陷显示迹痕情况，与预先保存的缺陷显示迹痕复制版或照相记录进行比较，达到相同效果时才能开始本班工作。

校验的目的是综合检查渗透检测系统和工艺体系，当标准对比试片或自然缺陷试块的缺陷显示迹痕与预先保留的显示迹痕记录相同，则可判定渗透检测系统和工艺体系符合技术要求，可以继续开始渗透检测工作，如果不相同则判定渗透检测系统和工艺体系不符合技术要求，必须查清问题所在，排除故障，并重新进行工艺性能控制校验直至校验合格，方可开始渗透检测工作，包括第一批被检零件也要重新检测。

对于新购入的渗透检测系统和现用渗透检测系统的性能比较，可以利用标准对比试片或自然缺陷试块按规定的操作工艺进行渗透检测对比。对于低灵敏度渗透检测系统一般采用 A 型试块进行鉴定；对于中、高和超高灵敏度渗透检测系统采用 C 型试块进行鉴定。

§4.1.3　渗透检测器材的质量控制

在渗透检测中，为了保证检测质量而使用的相关辅助仪器设备器材包括渗透检验灵敏度试块、渗透液性能校验试块、黑光灯、荧光强度计、白光照度计、紫外线强度计、浓度测试仪、热风循环干燥箱、压力表、温度计等。这些仪器设备器材中有一部分可以由渗透检测人员自行校验，而有一部分仪器则属于计量器具，需要定期委托有资格的计量检定单位校验。这些仪器设备器材在使用前应保证其使用的可靠性和准确性。

黑光灯：黑光灯随着使用时间日久会发生老化以及黑光灯产品自身质量等问题，需要经常性测量其辐射的紫外线强度（黑光辐照度）以及黑光辐射有效区（满足黑光辐照度要求的辐照区域大小）是否符合技术标准要求，例如我国机械行业标准 JB/T4730.5—2005《承压设备无损检测》第 5 部分：渗透检测中规定距离黑光灯滤光片 38cm 处被检零件表面的辐照度应达到 $\geq 1000\mu W/cm^2$，自显像时距离黑光灯滤光片 15cm 处被检零件表面的辐照度应达到 $\geq 3000\mu W/cm^2$，使用黑光辐照度计（$\mu W/cm^2$）、黑光照度计（lx）等测量。黑光灯的检查频次一般要求每天一次，并在使用中随时注意检查滤光片有无破裂、污损并及时处理，此外，更换灯泡、滤光片后也要进行校验。

黑光辐照度计、白光照度计、荧光亮度计、分光光度计属于计量器具，应定期送交相关计量部门鉴定合格后才能继续使用。一般要求除了使用前必须有计量部门的鉴定合格证书外，每半年或一年应送交计量部门检定一次。

水洗型渗透检测流水线中使用的压力表、温度计、定时器也属于计量器具，应定期送交相关计量部门鉴定合格后才能继续使用。一般要求除了使用前必须有计量部门后鉴定合格证书外，至少每年送交计量部门检定一次。

水洗型渗透检测流水线的温度、压力、时间显示与调节装置应每个工作班开始时进行检查。

荧光渗透检测的暗室环境的白光照度（使用白光照度计测量）、检验工作台有无荧光污染，以及观察环境有无反射光干扰，应每天进行检查。

着色渗透检测的环境白光照度（使用白光照度计测量）及检验工作台有无污染，应每天检查。

渗透检测试块：

应有经认可制造厂家出具的试块鉴定合格证书。

荧光渗透检测与着色渗透检测使用的试块应分开，不能混用。

试块每次使用后应正确清洗与保存（最常用的方法是用丙酮彻底清洗后存放入乙醇、丙酮各50%体积的混合溶剂容器内密闭保存）。

新试块第一次使用时应照相保存记录显示的迹痕状况，以便和后续多次使用后的显示迹痕进行对比来确定试块是否失效，一旦发现试块有堵塞或灵敏度比原先有下降且无法通过清洗恢复时必须及时更换。

§4.1.4 渗透检测的工艺质量控制

渗透检测系统的可靠性控制包括

设备仪器、试块的性能；

渗透检测工作的环境条件：包括工作环境的温度范围（影响渗透速度和渗透与显像性能），海拔高度（对压力有影响，从而影响渗透性能）；

振动（影响渗透性能）；

检测场地（场所通风、暗室环境，以及观察检验的光照条件）；

工艺操作方法（各工序的正确实施情况）；

被检零件的自身状况：表面清洁程度（影响渗透剂的污染以及缺陷有无被堵塞）、零件温度（影响渗透速度和渗透与显像性能）、零件表面粗糙度（影响渗透剂的可去除性）、缺陷宽深比（影响检测灵敏度）；

……

因此，为了保障渗透检测工艺质量的稳定性和可靠性，需要制定相应的系列技术工艺文件对各种影响因素给予规范化控制。

基本的渗透检测技术工艺文件主要包括渗透检测通用工艺规程和渗透检测专用工艺卡（也称为作业指导书、探伤图表）。

渗透检测通用工艺规程

这是指用于指导渗透检测技术人员和实际操作人员正确进行渗透检测工作，处理渗透检测结果，进行质量评定并作出合格与否的结论，从而完成渗透检测任务的技术文件，是保证渗透检测结果的一致性与可靠性的重要技术文件。

渗透检测通用工艺规程应针对某一工程或某一类产品，根据本单位现有的设备、器材及欲检测产品的结构特点等现有条件，按照设计图纸或委托单位的要求、相关法规、标准或技术要求而制定，一般以文字说明为主，应具有一定的覆盖性、通用性与可选择性。

渗透检测通用工艺规程要求具有渗透检测 3 级技术资格的人员编制，编制完成后还需要经过委托单位认可。

渗透检测通用工艺规程通常应包括如下的基本内容：

适用范围、编制依据、检测人员的技术资格等级和视力要求、被检零件状态（包括名称、尺寸、形状、材质、表面粗糙度、热处理状态及表面处理状态）、渗透检测的工序安排、使用的渗透检测的设备仪器与器材要求（包括渗透剂、乳化剂、清洗剂、显像剂的种类与型号，以及必需的辅助器材，例如渗透检测试块、黑白光照度计、黑光辐射强度计、黑光灯等）、渗透检测工艺参数（预处理方法及要求，渗透剂、乳化剂、显像剂的施加方法，清洗方法，干燥方法，渗透、乳化、显像的时间与温度控制，清洗用的水压、水温及水流量控制，干燥的温度和时间要求，后清洗要求等）、质量验收标准。

渗透检测专用工艺卡

这是针对某一具体的产品或产品上的某一部件或零件，以通用工艺规程和被检零件的技术要求为依据专门制定的，涉及有关检测技术细节和具体工艺参数条件，是通用工艺规程的细化和具体化。

编制渗透检测专用工艺卡的目的在于指导检测人员正确进行渗透检测操作，处理检测结果并作出合格与否的结论。

渗透检测专用工艺卡要求至少具有渗透检测 2 级技术资格的人员编制，完成后还需要经过渗透检测 3 级技术资格的人员审核并经委托单位认可。

渗透检测人员必须严格执行专用工艺卡所规定的各项条款与参数，不得违反，因此，要求专用工艺卡简单明了，具有可操作性，一般要求一种被检零件一卡，其内容应包括：被检零件状况（名称、图号或零件编号、规格、材质、表面粗糙度、热处理状态、表面处理状态、检测部位）、渗透检测通用工艺规程、管理法规、制造标准、质量评定的依据标准、验收级别等，以及渗透检测的工序安排、检测条件（渗透检测的设备仪器与器材，诸如渗透液、乳化剂、清洗剂、显像剂的种类与型号，预处理方法及要求，渗透剂、乳化剂、显像剂的具体施加方法，清洗方法，干燥方法，渗透、乳化、显像的时间与温度的具体数值，清洗用的水压、水温及水流量的控制数值，干燥的具体温度和时间，后清洗要求等）、被检零件示意图（局部检测时应标明检测位置），工艺卡的编制人员及其所具备的渗透检测技术资格、日期，审核人员及其所具备的渗透检测技术资格、日期，批准人员和日期，预留版本更新备注栏等。

渗透检测应用的各种技术文件（包括技术规范、验收标准、通用工艺规程、工艺卡等）必须保持现行有效，并与非现行有效的技术资料隔离存放，一旦被检测的产品品种或质量要求有更新时，现行的技术文件也应及时修订或更新，以保证渗透检测工艺的有效性和可靠性。

为了保证渗透检测环境的质量，还应注意工作前检查相关的压力、温度、压缩空气的清洁度（可直接将压缩空气喷到干净的布或纸上观察有无油迹、润湿）等是否正常，环境可见光照度是否符合要求，检测场所的清洁状况是否符合要求等。

当环境温度超过渗透材料的标准工作温度（一般为10～50℃）范围然而又必须对被检零件进行渗透检测时，需要对原定的检测工艺方法作出试验鉴定。

鉴定试验通常使用铝合金淬火裂纹试块（A型试块，最好是分体式的），具体方法如下：

温度低于10℃（例如冬天野外作业）：

令A型试块的A区和渗透材料均达到被检零件的温度（在该环境温度下冷却并保持一定时间以保证冷透，在试验过程中也要保持该温度），按预定的低温检测工艺（如渗透时间、清洗工艺、显像时间等）对A型试块的A区进行检测，A型试块的B区则在室内按标准温度条件（10～50℃）的检测工艺（A型试块的B区和渗透材料均处于标准温度条件下）进行检测，比较两者的显示迹痕，如果显示痕迹基本相同，则可认为预定的低温检测工艺可行，否则说明该渗透材料不能适应低温条件的渗透检测。

温度高于50℃：

当被检零件的温度高于50℃（例如蒸气管道、南方夏天野外暴晒的压力罐及管道等）时，令 A 型试块的 A 区和渗透材料均达到欲试验的温度（加温并保持一定时间后以保证热透，在试验过程中也要保持该温度），按预定的高温检测工艺（如渗透时间、清洗工艺、显像时间等）对 A 型试块的 A 区进行检测，A 型试块的 B 区则按标准温度条件（10～50℃）的检测工艺（A 型试块的 B 区和渗透材料均处于标准温度条件下）进行检测，比较两者的显示迹痕，如果显示迹痕基本相同，则可认为预定的高温检测工艺可行，否则说明该渗透材料不能适应高温条件的渗透检测。

另一种方法是在不同温度条件下使用相同的不锈钢镀铬裂纹试块（三点试块或者五点试块）分别按预定低温或高温检测工艺进行检测（试块和渗透材料均处于相应温度条件下），再按标准温度条件（10～50℃）的检测工艺（试块和渗透材料均处于标准温度条件下）进行检测，比较两者的显示迹痕，判断其灵敏度差异。如果显示迹痕达到的灵敏度基本相同，则可认为预定的低温或高温检测工艺可行，否则说明该渗透材料不能适应低温或高温条件的渗透检测。

§4.2 渗透检测的安全与环境保护

渗透检测中应采取的安全防护措施

在不影响渗透检测灵敏度、满足被检零件技术要求的前提下，应尽可能采用低毒配方的渗透材料。

采用先进技术改进渗透检测工艺和完善渗透检测设备，特别是增设必要的通风装置来降低有毒物质在操作场所空气中的浓度，以及采用静电喷涂、浸渍法等方法进行渗透与显像。

严格遵守操作规程，正确使用个人防护用品，例如口罩（这种口罩并非普通纱布口罩，它应是能对挥发性气体有过滤作用的口罩，例如活性炭过滤口罩）、防毒面具（用于在密闭空间进行渗透检测操作）、手套（橡胶手套或液体手套、涂胶纱布手套）、防护服、防护围裙、涂敷皮肤的防护膏、紫外线防护眼镜等。

采用三氯乙烯除油工艺时，应注意不要让三氯乙烯残留在工件的盲孔或凹陷处，防止三氯乙烯被紫外线照射时产生有害气体，此外要防止三氯乙烯过热产生剧毒气体。

操作现场严禁吸烟，除了防火安全要求外，也有助防止吸入有害气体。

对于有产生有毒挥发性气体或蒸汽可能的材料应有严格的安全操作规程与防护措施。

对从事渗透检测的人员进行身体预检和定期体检。

防火安全

渗透检测所使用的材料中大部分是可燃性有机溶剂，因此，在储存和使用过程中应采取必要的防火措施。

盛装渗透检测材料的容器应加盖并尽量密封，对于挥发性大的物质（如溶剂型清洗剂、溶剂悬浮型显像剂、溶剂型着色剂等）在使用后应密封保管。

储存地点应远离热源及烟火，避免在火焰附近及高温环境下操作，特别是压力喷罐操作现场禁止明火存在。

避免阳光直射到盛装渗透检测材料的容器，特别是压力喷罐，应将渗透检测材料储存在冷暗处；严禁将压力喷罐存放于高温处以防止罐内气雾剂的压力随温度的升高而增大，导致爆炸危险。

渗透检测现场和渗透检测材料储存地点应备有专人管理的适用的灭火器材以供必要时使用。

渗透检测工作场所与渗透检测材料储存室应分开，工作场所应避免储存大量的渗透检测材料。

环境温度较低以至压力喷罐内的压力下降，使得喷雾减弱且不均匀时，为了保证压力喷罐的喷雾均匀，可以采用30℃以下的水浴加温，然后再使用，但决不允许将压力罐直接放在火焰附近进行加温，以防爆炸。

用完的压力喷罐应用铁钉之类将罐体扎破泄放残余气体后才能废弃。

防毒安全

渗透检测材料中使用的有机溶剂、化学试剂、化学药品及其挥发物有些对人体有腐蚀性、刺激性甚至毒性，例如对人有刺激和麻醉作用，或者虽然本身无毒，但是如遇明火燃烧就会生成极毒气体（例如三氯乙烷、三氯乙烯），或者沾染到皮肤上引起皮肤发炎，此外还有能致癌的染料，显像剂粉尘在空气中超过一定浓度时，人们吸入后会引起呼吸道粘膜炎症，长期吸入会造成矽肺病等。

渗透检测造成的人体毒害以慢性毒害居多，而且多数为累积性毒性，有毒化学药品对人体的危害途径包括经呼吸道进入人体、经消化道进入人体、经皮肤进入人体。因此，必须采取积极的安全防护措施，在使用中尽量注意避免吸入、摄入、与皮肤或眼睛接触，在工作中一旦不小心沾上，就要注意及时清洗，甚至就医。

此外，例如着色渗透剂中的染料成分（例如苏丹红 IV）、荧光染料等也是对人体有害的物质，要防止摄入。

紫外线辐射

正常用于荧光检测的紫外线属于长波紫外线（UV - A），如果照射到人的眼球时会使视力变模糊和产生不适的感觉，长期暴露在黑光下会引起头痛、恶心，但这都不属于长期效应，一般情况下是无害的。但是，如果高压汞灯型黑光灯的滤光片或屏蔽罩破裂时，会有短波紫外线泄漏出来，将会对人体造成伤害，例如使眼睛患上角膜炎及结膜炎，甚至暂时失明，不过这种现象不会马上出现而需要延迟一段时间，并且症状在经过一段时间后会自行消失，无累积效应。

因此，在使用过程中应注意观察高压汞灯型黑光灯滤光片或屏蔽罩有无破裂，一旦发现破裂就不能投入使用。

在使用黑光灯时应特别注意防止黑光直接照射眼睛，这是从事紫外线辐照检测中的一项硬性安全操作规定，采用紫外线防护眼镜（见图95）可以减轻因暴露在紫外线散射下的视疲劳。

图95　紫外线防护眼镜

渗透检测的废液处理

渗透检测过程中造成环境污染的物质主要有各种脂类、油类、有机溶剂、非离子型表面活性剂、着色染料与荧光染料等，最突出的是水洗型或后乳化型渗透检测工艺中去除表面多余渗透液的操作程序所产生的大量清洗废水，当然也包括报废的渗透液、乳化剂、湿式显像剂等。

这些废液对环境存在污染，不能直接排放而必须经过净化处理达到国家规定的排放标准要求后才能排放。

特别是荧光渗透检测所产生废水中的污染因子的分子结构稳定、处理难度大、处理工艺较复杂，需经过多道工序处理，才能达到国家规定污水排放标准。

渗透检测的污染物处理的主要渠道：

从工艺上降低污染，改进工艺减少渗透液的用量来降低废液的产生量（例如采用静电喷涂工艺），在渗透或乳化过程中改进滴落方式与时间以减少拖带损耗，采取循环使用的清洗用水以减少污水排放。

采用废水处理技术，例如活性炭过滤、超微粒过滤、臭氧处理、化学处理、油水分离、物理破乳等。

渗透检测的废水处理中要考虑的重要生化指标是 COD 和 BOD。

COD 是化学耗氧量，是指在一定的条件下，采用一定的强氧化剂处理水样时，所消耗的氧化剂量。

BOD 是生化需氧量，是指在有氧的条件下，由于微生物的作用，水中能分解的有机物质完全氧化分解时所消耗氧的量。它是以水样在一定的温度下，在密闭容器中保存一定时间后溶解氧所减少的量（mg/L）表示。在20℃下培养五天作为测定生化需氧量的标准即为 BOD_5，同样还有 BOD_{20}。

渗透检测的废液中主要是 COD（石油类化学耗氧量）指标超标，可以采用例如化学破乳、物理破乳等方法分解废液中难以分离的乳化剂成分，然后再经过滤（例如活性炭）净化，最后的浓缩物（液）可以填埋、焚烧或交环保部门处理。

在《美国无损检测手册——渗透卷》中指出：

油类污染既可以作为乙烷可溶物测出，也可以用它们的化学耗氧量（COD）测出。

用乙烷萃取清洗废水，可得出废水中不挥发油的总含量。

COD 法可测出油类污染的浓度，测定重铬酸盐完全氧化油类污染所用的氧量值。测定结果以每升试验溶液中氧的毫克数或百分之几表示。1克典型的油类渗透剂能按此方式消耗 2500～3000mg 的氧，因而每升含有1g油类渗透剂的清洗液也可用 2500～3000μg/g 的 COD 表示，愈稀的清洗液，其 COD 值愈低。

由此可见，用 COD 法表示的污染浓度类似于生物耗氧量（BOD）。借助测定生物吸收水中溶解氧的 BOD，可量度废液的生物学退化量；氧将随微生物耗损废液而用完。

在许多场合，由常规处理形成的渗透剂废水不得直接排放到污水管，需要进一步作如下处理：

（1）破坏乳化物。

（2）分离有机物。

（3）澄清水。

处理方法可以采用：反渗滤技术、活性炭吸附过滤、添加澄清剂形成沉淀物再过滤。

现代检验用的渗透剂通常由所谓"油态"系统制成，油态结构包括后乳化和可水洗两种材料。在后乳化处理中，这两种材料的基本区别是，乳化剂是一种独立的可处理材料。但是，在水洗型渗透剂中，乳化剂则是作为渗透剂的一个组成部分并络合成整体。

适当的澄清材料可以使乳化剂沉淀，从而将其从溶液中清除。采用常规的 Dorr 澄清器或连续流的离心分离器，也可使乳化剂从水中分离。这种澄清材料可以完全沉淀和吸收被溶解的乳化剂以及络合的油、溶剂填充剂和荧光染料，只剩下一小部分的溶解残留物，仅为百万分之几。

图96　盐城市迅达探伤工程有限公司的荧光渗透液专用污水处理设备

　　图 96 示出的荧光渗透液专用污水处理设备是利用物理法将污水中所含各种形态的污染物分离出来，或将其分解、转化为无害和稳定的物质，使污水得到净化。处理工艺手段主要通过沉淀、过滤、最后采用高分子膜超滤法进行分离，不产生二次污染。

　　该系统主要由调节池，各种槽罐、过滤塔、泵、管路、电气控制系统等组成。污水排放浓度符合现行国家标准 GB 8978—1996 的一级综合排放标准要求，并给出具体的监测指标及出水控制浓度。

第五章

特殊的渗透检测方法

除了前面所述的常规渗透检测方法外，还有一些特殊的渗透检测方法：

过滤微粒法

对于水泥、耐火材料、石墨、粉末冶金件以及陶瓷等具有多孔性表面的材料不适合采用常规的渗透检测方法，这主要是因为表面的渗透液难以清洗掉。

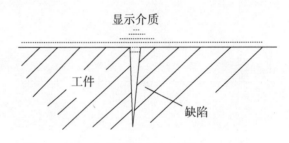

图 97　过滤微粒法检验

对于这类材料可以使用流动性好、渗透力强的有机溶剂或水等无色液体作为粒度直径大于缺陷开口宽度的着色微粒或荧光颗粒的载体组成悬浮液（使用前充分搅拌均匀），将其喷涂到多孔材料试件的表面，当遇到表面开口缺陷时，载液将渗入缺陷，而显示介质（着色微粒或荧光颗粒）因直径大于缺陷开口宽度而不能进入缺陷，以至堆积在缺陷开口处，可以用自显像的方式而被观察到，达到检测的目的。这种方法称为过滤微粒法检验，其原理如图 97 所示。

过滤微粒法检验的关键是着色微粒或荧光颗粒的粒度要合适，粒度过小会随渗透液进入缺陷，不能沉积在缺陷开口部位，降低了检测灵敏度，粒度过大则随渗透液流动的能力差，难以在缺陷开口部位形成缺陷显示。一般要求颗粒最好是球形以利于流动，颗粒的颜色应能与被检零件表面形成较大的颜色反差以利识别，所应用的载体应具有良好的渗透能力，能充分润湿被检零件表面，能运载颗粒自由流动到缺陷处，渗透液的挥发性也不能太大，否则会影响流动性。

逆荧光法

利用普通着色渗透剂进行渗透，并实施常规的清洗、干燥工艺，再以含有低亮度荧光染料的溶剂悬浮型显像剂进行显像，检测观察时，在黑光灯照射下，被检零件表面发出低亮度荧光（背景），但是在有缺陷处则由于着色渗透剂中的着色染料与显像剂中的荧光染料发生"猝灭效应"（着色染料对荧光染料的熄灭作用）而导致缺陷处呈现暗色显示（如黑线、黑点），从而可以检出缺陷。

消色法

采用常规的高灵敏度后乳化型荧光渗透剂，渗透并粗略清洗、干燥后，用短波紫外线适当辐照零件检测表面进行显像观察（短波紫外线能够完全破坏表面多余的渗透剂而导致失光，只有缺陷内的渗透液发出荧光而能被发现），改变短波紫外线的辐照时间可以控制检测灵敏度，有助于达到检测浅而宽的表面缺陷和细微缺陷的目的（照射时间过长也会破坏到深入缺陷内的渗透剂）。这种方法有利于改善背景、速度快、容易实现自动化，并且具有后乳化型渗透检测的灵敏度。但是，由于短波紫外线对人体有伤害，并且渗透剂的染料对短波紫外线的持久稳定性有限（必须考虑渗透剂中的染料对强的短波紫外线的稳定性），不能长期反复使用（荧光亮度下降或色泽强度降低），亦即渗透剂的寿命较短，因此这种方法较少应用。

加载法

对被检工件采用专用夹具施加弯曲载荷或扭转载荷（静载荷或周期性变化的动载荷－反复载荷加载），可以增大缺陷的开隙度，从而有助渗透剂的渗入，增强渗透液的渗入能力，在显像过程中也要保持所施加的载荷，从而有利于观察评定。在动态载荷的情况下，多采用荧光渗透自显像法。加载法渗透检测效率很低，多用于例如飞机发动机的涡轮盘（一般采用轴心加载的静弯曲载荷）、叶片（一般采用弯曲动载荷）、涡轮轴（一般采用扭转动载荷）等检测灵敏度要求很高的工件。

渗透剂与显像剂相互作用法（化学反应法）

渗透剂不含染料，为无色透明液体，干粉显像剂中含有无色（白色）染料，当缺陷内的渗透液被显像粉末吸附出来时，渗透液与显像剂中的染料发生化学反应而变色，从而显示出缺陷。这种方法要求显像剂中的染料颗粒非常细小（通常在 $10\mu m$ 以下）。

酸洗染色法

利用酸洗可以腐蚀掉开口缺陷的边缘使缺陷开隙度增大，便于目视检测发现缺陷，经酸洗过的零件用水冲洗并干燥后，在工件被检测表面涂抹特定的化学试剂，在有缺陷处，回渗出来的酸液与化学试剂反应而显色，从而显示出缺陷。例如用硫酸、氢氟酸和硝酸混合酸液酸洗，再用水冲洗，水和缺陷中回渗出的硝酸反应可使缺陷边缘呈棕色，或者可以采用亚甲蓝染料溶液为试剂，缺陷处将显示蓝色。

放射性气体渗透法

将被检零件清洗干净并彻底干燥后置入真空室内，通过抽真空来排除吸附在缺陷内的空气，然后往真空室内注入包含有 $5\%\,^{85}Kr$（氪85，一种放射性气体）的惰性混合气体，保压一段时间，氪气进入缺陷后，在零件表面喷涂一层含有卤化银和二氧化钛增白剂的水溶性乳剂，^{85}Kr 辐射出低能光子使乳剂中的卤化银感光，然后用照相技术处理剥离下来的乳剂薄膜，得到白色背景下的黑色缺陷图案，达到检测目的。

铬酸阳极化法

铝合金零件采用铬酸阳极化表面处理工艺是为了达到表面保护的目的，如果铝合金零件表面存在开口缺陷（例如裂纹、折叠等）时，电解液会渗入缺陷内，以至完成阳极化处理后，有缺陷的地方会呈现深褐色，从而直接暴露出缺陷所在。

凝胶型渗透液自显像法

采用凝胶型荧光渗透液进行渗透，渗透液渗入缺陷后，在水洗时，缺陷开口处形成凝胶保护缺陷内的渗透液不会被水洗掉，在黑光灯照射下即可发出荧光显示出缺陷。

渗透检漏法

零件上的泄漏是由穿透性缺陷造成的，渗透检漏的原理就是利用毛细现象，在被检零件一侧（例如容器的内壁）施加荧光或着色渗透剂，渗透液就能穿越该穿透性缺陷到达被检零件的另一侧（容器的外壁），通过在外壁施加显像剂或者采用自显像方式（用于荧光渗透剂，直接用强辐照度的黑光灯辐照），从而可以检出泄漏点。

最古老的渗透检漏方法就是"油-白法"（"油-白垩法"），现代的渗透检漏法还包括在容器内外壁制造压强差（加压或者抽真空）的方式促进渗透，以发现微小的泄漏点。

渗透检漏法需要的渗透时间一般比较长，特别是壁厚较大的工件或微小的泄漏，往往全过程需要数小时甚至数十小时。

主要参考文献

1. 林猷文，任学冬主编．国防科技工业无损检测人员资格鉴定与认证培训教材：渗透检测．北京：机械工业出版社，2004

2. 民航无损检测人员资格鉴定与认证委员会编．中国民航无损检测人员培训教材：CANDTB 航空器渗透检测．北京：中国民航出版社，2009

3. 胡学知主编．NDT 全国特种设备无损检测人员资格考核统编教材：渗透检测（第 2 版）．北京：中国劳动社会保障出版社，2007

4. 美国无损检测学会编．美国无损检测手册（渗透卷）．美国无损检测手册译审委员会译．北京：世界图书出版公司，1994

5. 郑文仪编著．无损检测技术丛书：渗透检验．北京：国防工业出版社，1981

6. 中国机械工程学会无损检测学会编著．无损检测二级培训教材：渗透检验．北京：机械工业出版社，1986

7. 上海沪东造船厂中心试验室编．磁粉和渗透探伤技术．北京：国防工业出版社，1982

8. 唐继红主编．无损检测实验．北京：机械工业出版社，2011

9. 邵泽波等编著．无损探伤工．北京：化学工业出版社，2006

10. 宋天民主编．表面检测．北京：中国石化出版社，2012

11. 邵泽波主编．无损检测技术．北京：化学工业出版社，2003